A little course in...
Wine Tasting

美好生活课堂

轻松品鉴葡萄酒

A Little Course in Wine Tasting

[英]大卫·威廉姆斯 著
李锋 译

中国轻工业出版社

A Dorling Kindersley Book
www.dk.com

Original Title: A Little Course in Wine Tasting
Copyright © 2013 Dorling Kindersley Limited,
All rights reserved. No part of this publication may be
reproduced, stored in a retrieval system, or transmitted
in any form or by any means, electronic, mechanical,
photocopying, recording, or otherwise, without the prior
written permission of the copyright owner.

图书在版编目（CIP）数据

轻松品鉴葡萄酒／（英）大卫·威廉姆斯著；李锋
译. —北京：中国轻工业出版社，2018.2
（美好生活课堂）
ISBN 978-7-5184-1314-0

Ⅰ. ①轻… Ⅱ. ①大… ②李… Ⅲ. ①葡萄酒-品鉴-
教材 Ⅳ. ① TS262.6

中国版本图书馆CIP数据核字（2017）第031594号
责任编辑：伊双双
策划编辑：伊双双　　　责任终审：张乃柬
封面设计：奇文云海　　　版式设计：锋尚设计
责任校对：李　靖　　　责任监印：张　可

出版发行：中国轻工业出版社
　　　　　（北京东长安街6号，邮编：100740）
印　　刷：北京华联印刷有限公司
经　　销：各地新华书店
版　　次：2018年2月第1版第1次印刷
开　　本：710×1000　1/16　印张：12
字　　数：200千字
书　　号：ISBN 978-7-5184-1314-0
定　　价：68.00元

邮购电话：010-65241695
发行电话：010-85119835　传真：85113293
网　　址：http://www.chlip.com.cn
Email：club@chlip.com.cn
如发现图书残缺请与我社邮购联系调换
150351S1X101ZYW

A WORLD OF IDEAS:
SEE ALL THERE IS TO KNOW

www.dk.com

目 录

创建专属课程6·来场品酒会吧8·小酒杯大学问10
侍酒的门道12·葡萄种植技术14·酿酒技术16

1 基础篇

品鉴的要素 20
酸度·甜度·单宁·酒精

葡萄酒丰富的风味与香气 24
白葡萄酒与起泡葡萄酒·红葡萄酒与桃红葡萄酒

如何品酒 30
白葡萄酒·红葡萄酒·桃红葡萄酒·起泡葡萄酒

白葡萄酒的类型 38
清爽型干白葡萄酒·果香型干白葡萄酒·馥郁型干白葡萄酒·微甜型白葡萄酒·馥郁型甜味白葡萄酒

红葡萄酒的类型 48
淡雅型红葡萄酒·新鲜果香型红葡萄酒·顺滑果香型红葡萄酒·馥郁强烈型红葡萄酒·甜味加强型红葡萄酒

桃红葡萄酒的类型 58
清爽轻盈型桃红葡萄酒·中等酒体干型桃红葡萄酒·甜度适中型桃红葡萄酒

2 强化篇

白葡萄品种 66
霞多丽·长相思·雷司令·白诗南·灰皮诺·琼瑶浆

红葡萄品种 78
赤霞珠·梅洛·西拉/西拉子·黑皮诺·歌海娜·丹魄

欧洲经典白葡萄酒 90
夏布利·桑塞尔·雷司令·阿尔巴利诺·绿维特利纳·索阿维

欧洲经典红葡萄酒 102
勃艮第·波尔多·罗讷河谷·基安蒂·巴罗洛·里奥哈

新世界经典白葡萄酒 114
美国加利福尼亚州霞多丽·新西兰长相思·澳大利亚南部雷司令·南非白诗南

新世界经典红葡萄酒 122
美国加利福尼亚州赤霞珠·澳大利亚南部西拉子·新西兰黑皮诺·阿根廷马尔贝克

全球各类起泡葡萄酒 130
香槟·普洛赛克·卡瓦·英国起泡葡萄酒

3 拓展篇

橡木的作用 140
未经橡木桶陈酿与在橡木桶中发酵的白葡萄酒：新西兰长相思·未经橡木桶陈酿与在橡木桶中成熟的红葡萄酒：阿根廷马尔贝克

气候的影响 148
寒冷气候区的白葡萄酒：葡萄牙绿酒·温暖气候区的白葡萄酒：朗格多克维欧尼·寒冷气候区的红葡萄酒：卢瓦尔河谷品丽珠·温暖气候区的红葡萄酒：加利福尼亚州仙粉黛

年份的意义 156
新酿与陈酿白葡萄酒：猎人谷塞米雍·新酿与陈酿红葡萄酒：波尔多

另类葡萄酒 164
里奥哈传统白葡萄酒·黄葡萄酒·松香葡萄酒·西拉子起泡葡萄酒·瓦尔波利切拉阿玛罗尼·佩德罗·希梅内斯雪莉酒

葡萄酒与食物的搭配原则 176
鱼与海鲜·白肉·辛辣食物·红肉·奶酪·甜点

索引 188
作者简介 192
致谢 192

创建专属课程

本书共分三个章节：第一章基础篇，将会探讨葡萄酒多姿多彩的风味和香气，以及葡萄酒的主要类型；第二章强化篇，将介绍著名的葡萄品种和全球各款经典葡萄酒；第三章拓展篇，将分析影响葡萄酒品质的多种因素，诸如年份或气候，并介绍葡萄酒与食物的搭配原则。

现在开始吧

课程的每一部分都由一系列品鉴指导环节构成，这些品鉴环节均围绕特定的主题进行设计。当你细细品尝美酒时，不仅能够获取有关知识，同时也可以形成自己的口味。在每个品鉴环节，首先会在"探索"部分分析本次品鉴的主题，随后依次介绍精选的各款葡萄酒。每款酒会以品鉴笔记的形式解释它的预期及原因。为了帮你挑选一款中意的美酒，品鉴环节会在结尾处提供购买建议、食物搭配技巧，并推荐风格相似或相反的葡萄酒让你自己去一探究竟。在开始正式品鉴美酒之前，不妨仔细阅读导言部分，掌握葡萄种植的技术、葡萄酒的酿造过程以及最佳的侍酒方法，定会让你跃跃欲试。

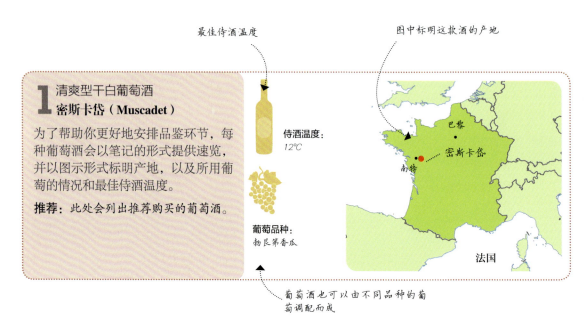

2 灰皮诺（Pinot Grigio）
意大利东北部

每款葡萄酒的品鉴笔记从外观、香气、风味和质地四个方面进行说明

符号代表品鉴的四个方面

注解可以帮你了解葡萄酒的酒标

 外观：葡萄酒的外观通常取决于葡萄品种或酿酒工艺，每款酒都有其独特的色泽。

 香气：香气是葡萄酒品鉴的重要环节，通常也是因人而异。你可以闻到什么呢？

 风味：葡萄酒的风味与香气密切相关，你往往也会有意想不到的发现。

 质地：葡萄酒的质地千差万别，覆盖了从轻盈微妙的白葡萄酒，到厚重浓稠的红葡萄酒以及之间的各种类型。

3 法国
香槟（Champagne）

当你已经了解了葡萄酒的主要类型、风味和产地，并对自己的口味有敏锐的感受时，那么就该学以致用了。

购买建议：辨别出最佳的酿酒商，指导你挑选出物有所值的葡萄酒，并决定是在酒年轻时饮用，还是等到成熟以后饮用。

食物搭配：提供每款葡萄酒与食物最佳搭配的专业建议。

不妨一试：如果你在品鉴葡萄酒时中意其中一款，不妨去试试风格相似或相反的葡萄酒，以此来锻炼你的品鉴能力。

当你完成本书时，为你的葡萄酒品鉴力干一杯吧。

来场品酒会吧

办场品酒会是让你和你的朋友们深入了解和探索各类葡萄酒的不错途径。如果你喜欢的话，可以定期举办，每次选择不同的主题。

1 选择主题
本书中的"品鉴环节"可以帮你快速上手，一旦你一一完成后，你将有能力自行设计主题。可以根据季节、地理、类型，抑或是某些奇怪的事儿来确定，但尽量让主题较为集中。比如，圣诞节就是品尝你希望购买的应季酒[也许是波特酒（Port）或香槟]的好时机；或者你也可以从感兴趣的特定产区挑选几家不同酿酒商生产的葡萄酒，抑或某一种葡萄在全球不同产地所酿的葡萄酒。

2 呼朋唤友
为了分担费用和工作量，并分享快乐，你可以邀请一组朋友（四到八人，或四到八对夫妻最理想），并让他们各自携带一瓶与品鉴主题相扣的葡萄酒（注意要提前确认没有人带了相同的酒）。除非你已经收集了大量酒杯并擅长清洗酒杯，否则不妨让客人们自带酒杯吧。

为了真实、公正的品鉴，需要隐藏葡萄酒品牌的所有痕迹

来场品酒会吧

3 盲品环节
盲品就是用纸裹住酒瓶，遮住所有商标信息（包括金属箔纸、软木塞和螺旋帽），这会让品鉴更为有趣，同时让你更加关注葡萄酒本身，而不是它的声誉或价格。在你包住酒瓶后，再给它们依次贴上标签（如A、B、C或1、2、3等）。

4 阐述规则
在品鉴正式开始前，向嘉宾介绍此次品鉴的葡萄酒，比如"我们有六瓶欧洲经典红葡萄酒"。提供笔和纸，让大家写下他们的感受和喜好，甚至可以猜猜葡萄酒的产地或价格。品饮，讨论，等到所有客人都完成品鉴，活动结束，再揭开庐山真面目。

5 真相大白
让客人们提交他们的心得，然后依次揭晓每瓶葡萄酒的真面目，再逐一讨论。此时就可以看出品鉴的结果是否符合大家的预期，那些名声赫赫、价格最贵的葡萄酒是否表现最佳（你可能会惊奇地发现它们往往名不副实）。最后给客人些时间记下这些葡萄酒，然后放松地享受各自所爱。

来点儿零食
品鉴葡萄酒容易让人感到饥饿，对于空腹而言实在少了很多乐趣。不妨准备些小零食，但切记这些食物不能太辛辣或味道强烈，否则会掩盖葡萄酒本身的味道。

在客人们完成他们的品鉴笔记后，揭晓每瓶葡萄酒的真面目

小酒杯大学问

选择合适的酒杯，会给宴会的餐桌增光添辉。不同类型的葡萄酒需要搭配不同形状和尺寸的酒杯，选取合适的酒杯会让你兴趣盎然。

倒至微满

笛形香槟杯
这款酒杯身长口窄，酒面较小，非常适合气泡葡萄酒保存气泡。

倒至酒杯约1/3处

清爽型干白葡萄酒杯
这款酒杯比香槟杯大，但同样小巧而口窄，可以保持酒温凉爽，突出清爽型干白葡萄酒的酸味和雅致风味。

倒至酒杯约1/3处

酒体饱满型白葡萄酒杯
较宽的杯口可以增加空气接触，使馥郁型干白葡萄酒风味复杂。但小巧的杯身依然可以保持酒温凉爽。

小酒杯大学问

"适宜的酒杯不仅看起来很棒,还可以让美酒口感更佳。"

倒至酒杯约1/3处

倒至酒杯1/3至1/2处

倒至酒杯1/2处略多

勃艮第酒杯
这款酒杯酒面较大,可与空气接触,但杯口收窄,可以锁住优雅型红葡萄酒微妙雅致的香气。

波尔多酒杯
这款酒杯同样具有较大的酒面,让葡萄酒暴露在空气中,使强劲浓烈的馥郁型红葡萄酒有足够的空间散发出其复杂的酒香。

甜酒杯
这款酒杯通常在餐后使用,较小的杯身适合小口品尝较甜的葡萄酒,并可以保持酒温凉爽。

侍酒的门道

侍酒时，最需要注意的就是温度。每种葡萄酒都有其理想的品饮温度。如果无法确定的话，请记住这一原则：由于酒杯通常会在桌子上升温，所以侍酒温度越凉越好。

使用冰桶

在冰块中加水：与单纯的冰块相比，冰水具有更大的接触面积，所以冷却效果更好。

开启起泡酒时，要格外小心

清爽型白葡萄酒与起泡酒

这些葡萄酒都属于清新怡人的类型，与其他解渴的饮料一样，冰冷时最为提神。可以从冰箱或冰桶中取出，在6~8℃下直接侍酒。

馥郁型白葡萄酒、桃红葡萄酒、甜酒与强化型葡萄酒

这些葡萄酒稍加冷却即可保持新鲜感，但若冷却过多，则会影响你感受其丰富的质地和香气。可以从冰箱中取出后放置20分钟，然后在10~12℃下侍酒。

侍酒的门道

如何醒酒

将葡萄酒从瓶中倒出，可以让氧气进入酒液中，柔化酒中的单宁和酸味，帮助其释放出复杂的酒香。此法同样适用于陈年的红葡萄酒，因为这些酒在瓶底会有无害的沉渣存在。

溅起
从尽可能高的位置将葡萄酒倒入醒酒器中，使酒液溅起至容器内壁上。

摇晃
一只手从底部托住醒酒器，小心摇晃，尽可能多地让空气进入酒液中。

轻盈型红葡萄酒

红葡萄酒通常无需冷却即可品尝，不过其较为轻盈的款式可在冰箱中放置20~30分钟，然后在12~14℃下侍酒，可以凸显其清新的特色，从而使其风味更佳。

馥郁型红葡萄酒与年份波特酒

对于酒体饱满的红葡萄酒而言，当家中较冷时，侍酒的室温就十分重要。最佳的侍酒温度为16~18℃，如果温度较低，会影响其复杂的风味和质感。而如果温度较高，则会让它们尝起来如汤水般。

葡萄种植技术

葡萄园的一年四季都意义非凡,但也充满着巨大压力。葡萄的种植要受天气的摆布,种植者们必须要面对狂风暴雨、霜冻冰雹,还要应付可能危及收成的虫害与疾病。不过,如果有周密的计划、充足的养分和一点运气,那么这场季节性之旅将会给你带来货真价实的大丰收。

早春时节

随着气温上升,葡萄藤上开始发出新芽。不同葡萄品种的发芽时间不同,这取决于天气条件和土壤情况。这个阶段最需关注的是霜冻、虫害以及疾病。

- 脆弱的新芽可能需要喷药,以应对虫害
- 随着树液上流,即使是最年迈的葡萄树的树干也会发出新的嫩芽
- 保护新芽免受霜冻侵害的传统方法是燃烧几小堆上一年修剪下来的残枝
- 葡萄树之间的土壤会被翻垦透气,并帮助它提升温度

晚春时节

晚春时节大约有10天的时间为葡萄树的花期。对于种植者而言,由于糟糕的天气可能会毁掉葡萄花,并阻止昆虫授粉,所以这是最紧张的一段时间。光照加上微风则是授粉的最佳条件。

- 新芽被绑在整枝线上
- 花期之后,一些新芽会被修剪掉,以使最好的部分可以茁壮成长
- 已授粉的葡萄花将会结果,这被称为"胚胎束"
- 土壤会被翻垦,以去除杂草

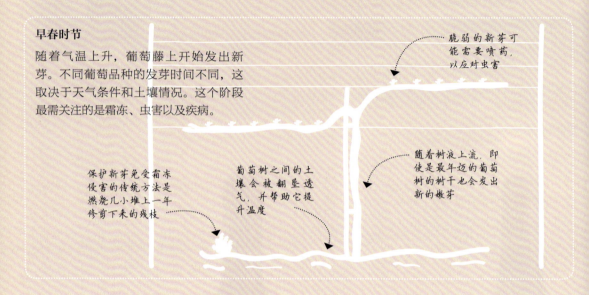

葡萄种植技术

夏季

胚胎束开始长成可识别的葡萄形状，这个过程也会吸引饥饿的鸟儿前来。种植者们可以通过修剪枝干以使其他枝干长得更好，从而提高产量，这被称为"摘绿"。

"摘绿"会降低产量，但会提升品质

需要网住葡萄树，以防止鸟儿来采食葡萄幼果

剪枝可以让剩余的枝干获得更多的空气与光照

秋季

当葡萄已经成熟，红葡萄开始变色时，就可以进行采摘了。虽然采摘的时机会随天气而变化，但通常都是在初秋的时候。一旦采摘完毕，土壤会被施肥翻垦。

成熟的葡萄颗粒丰满且色泽鲜亮

白葡萄需要在变黑之前采摘，以避免酸度过高

酿酒中剩下的已压碎的葡萄皮可以用作肥料

采摘好的葡萄将被送往酿酒厂进行加工处理

冬季

在寒冷的冬日，葡萄树进入休眠状态。由于树液停止流动，所有留在树上的葡萄开始脱水结冻，这会提高它们的糖分含量。上述这些葡萄，以及那些受葡萄灰霉菌（贵族腐霉菌）影响的葡萄，非常适合酿制甜酒或冰酒。

冬眠时，树叶掉落，树液回流，保护葡萄树免受寒冻伤害

剩余的葡萄腐烂或结冻后，可用来酿制甜酒

如果所有葡萄都被采摘完毕，会进行剪枝，为来年春天的发芽做准备

翻垦土壤以保护葡萄树根免受霜冻侵害

酿酒技术

不论是白葡萄酒、红葡萄酒、桃红葡萄酒,还是起泡葡萄酒,它们都是相同的基本工艺的产物从破皮到榨汁,然后加入酵母进行发酵以获得酒精。了解酿酒的全过程,可以让你更好地明白酿制过程中的不同环节是如何影响葡萄酒的味道与品质的。

白葡萄酒的酿造过程

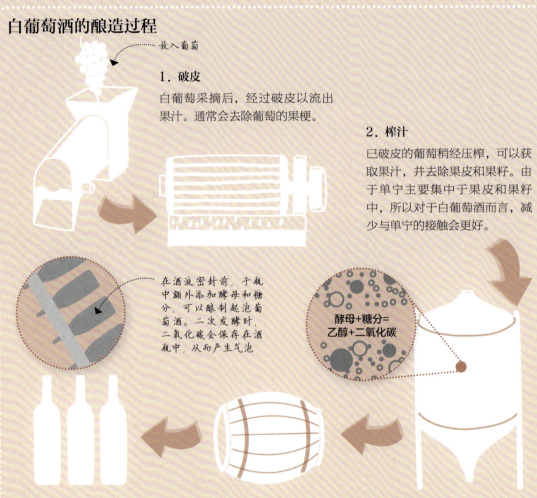

放入葡萄

1. 破皮
白葡萄采摘后,经过破皮以流出果汁。通常会去除葡萄的果梗。

2. 榨汁
已破皮的葡萄稍经压榨,可以获取果汁,并去除果皮和果籽。由于单宁主要集中于果皮和果籽中,所以对于白葡萄酒而言,减少与单宁的接触会更好。

在酒液密封前,于瓶中额外添加酵母和糖分,可以酿制起泡葡萄酒。二次发酵时,二氧化碳会保存在酒瓶中,从而产生气泡。

酵母+糖分=
乙醇+二氧化碳

5. 装瓶
在瓶中添加诸如二氧化硫的防腐剂。然后酒液经过过滤,装瓶,再用软木塞或酒帽密封起来。

4. 成熟
1~2周后,酒液可以进行换桶,留下失去活力的酵母和其他沉淀物(酒渣)。可将酒液储存在橡木桶中或直接装瓶。

3. 发酵
投放酵母,并开始发酵,将果汁中的葡萄糖(糖分)转换成乙醇(酒精),同时释放出的二氧化碳会散发到空气中。

红葡萄酒的酿造过程

1. 破皮

将红葡萄或黑葡萄破皮后,流出果汁。在这个阶段,可以获取60%~70%的葡萄汁,这被称为自流汁。

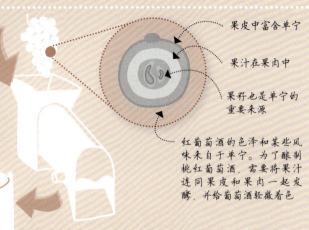

- 果皮中富含单宁
- 果汁在果肉中
- 果籽也是单宁的重要来源

红葡萄酒的色泽和某些风味来自于单宁。为了酿制桃红葡萄酒,需要将果汁连同果皮和果肉一起发酵,并给葡萄酒轻微着色

酵母+糖分=乙醇+二氧化碳

2. 第一次发酵

破皮后的葡萄,连同果皮和自流汁,在酵母作用下发酵,将糖分转化成乙醇(酒精)和二氧化碳。

3. 榨汁

在第一次发酵后,葡萄醪(果肉)和果皮经过压榨,来提取所有剩余的果汁,并尽可能多地从单宁中获取所需的色泽和风味,这被称为压榨酒。

苹果酸+细菌=乳酸+二氧化碳

4. 第二次发酵

自流酒(未经压榨)和压榨酒在细菌发酵前可以先进行调配。这个过程可以让苹果酸转换成乳酸,以使风味更加柔和。

5. 成熟

3~6个月后进行换桶,以去除酒渣,并使酒液澄清。之后可以将葡萄酒保存在橡木桶中以待成熟,或直接装瓶。

6. 装瓶

加入防腐剂以免细菌侵扰或氧化,然后酒液经过过滤,去除颗粒和微生物,最后装瓶密封。

1
基础篇

从现在开始,就进入本课程的实践阶段了。当我们准备学习葡萄酒时,好消息是"实践"意味着开几瓶美酒来品尝!在这一章,我们将会分析不同葡萄酒间的基本差异,并帮助你找出你最中意的类型。

本篇中我们将会了解以下内容:

品鉴的要素
pp.20~23

风味与香气
pp.24~29

如何品酒
pp.30~37

白葡萄酒的类型
pp.38~47

红葡萄酒的类型
pp.48~57

桃红葡萄酒的类型
pp.58~63

品鉴的要素

品鉴葡萄酒时需要调动你全部的感官。当你的嗅觉与味觉接触到气味时，它们的确会自动触发，但仅仅是观察一瓶葡萄酒，你也会了解到它的产地和酿法等一大堆信息。此外，还有葡萄酒的质地（即葡萄酒的口感），这也是葡萄酒最吸引人的地方。

熟悉你的感觉

我们闻到的几乎80%的气味都是靠鼻子里的嗅觉感受器，而舌头只能感受到苦味、甜味、咸味和酸味。正是鼻子让我们能够充分感受到葡萄酒复杂的风味。

葡萄酒的风味千变万化，而每个人的味觉也是千差万别，所以很难用明确统一的词汇来描绘这么多细微的差别。不过，所有的葡萄酒都可以根据其对舌头的不同刺激划分为若干要素。能够区分你喜爱的葡萄酒中不同要素的强度，将是你成为一名专业品酒师的第一步。

甜度

甜度（以及果味）代表葡萄酒中葡萄糖的含量。葡萄酒中的糖分含量高低不一，从干型（理论上为每升酒中的糖分含量低于4克/0.1oz）到特甜型（每升酒中的糖分含量高于50克/1.75oz）。

酸度

酸度的存在可以使葡萄酒清新怡神。酸度越高，我们的舌头和味觉越兴奋，这就是一种垂涎欲滴的体验。

单宁

单宁是葡萄果核和果皮中的天然化学成分，它们同样也存在于茶叶和树皮中。单宁让葡萄酒在口腔中感觉干涩，对于红葡萄酒而言尤为明显。这种收敛感不仅可以通过舌头感觉到，同样也作用于牙齿。

酒精与酒体

酒精是酿酒过程中葡萄糖经过发酵后的产物，它赋予葡萄酒酒体和质量。酒精度数较高的葡萄酒与度数较低的葡萄酒相比，味觉感受更加饱满或强烈。但如果葡萄酒中的酒精含量过多，则会产生令人不悦的灼烧感，特别是在吞咽时的喉咙深处。

基本要素：这两张示意图清晰地显示出不同款式的葡萄酒以不同方式达到平衡的关键要素。

品鉴的要素

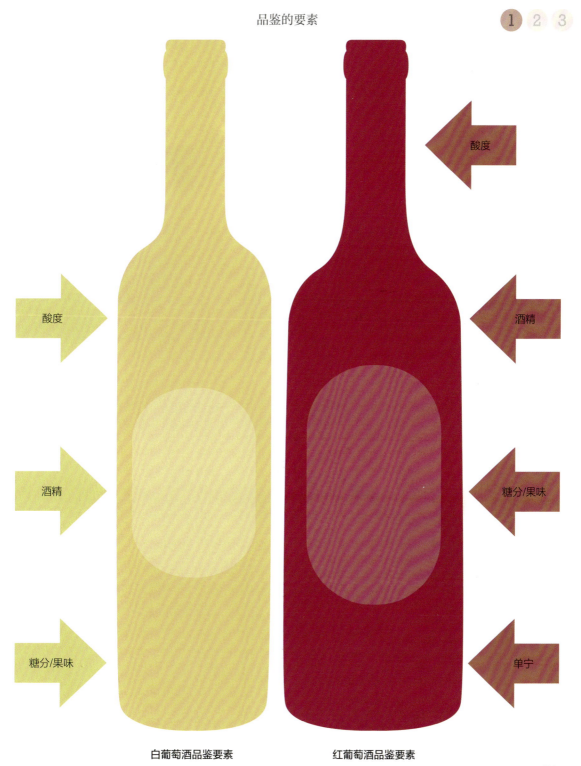

白葡萄酒品鉴要素　　　红葡萄酒品鉴要素

品鉴的要素

味觉测试

味觉测试是放松自己,并进入品酒状态的有趣方式,其目的在于练习发现葡萄酒中的品鉴要素和结构特色。

酸度

取五只同样大小的玻璃杯,并在其中四杯里装入半杯自来水或矿泉水。然后将一个大柠檬的果汁挤入小罐中,在其中一杯水中倒入大约三分之一的果汁,剩余的倒入另一杯水中。再将另一个柠檬的果汁全部挤入第三杯水中。之后将一整个柠檬的果汁挤入空杯中。最后一杯水不动。

自纯水开始,从浓度最低的液体到纯柠檬汁,依次啜饮一口,每次吞咽前都让液体在口腔中先翻滚一遍。

品尝时,特别留意舌头与牙龈的感觉。液体浓度越高,酸味越重,口腔感觉越兴奋,这确实是一种令人垂涎的感觉。

甜度

现在将柠檬水放在一边,但要记住每杯的浓度,再给自己倒四个半杯水。在第一杯水中加入半勺白砂糖,第二杯一勺,第三杯两勺,第四杯四勺。均匀摇晃每杯水,直至糖分完全溶化。

然后参照刚才的柠檬水,自纯水开始,从糖分最少到最多,依次品尝。每次吞咽前先让液体在口中翻滚一下。

同样的,哪一杯,哪一种甜度,你最喜欢呢?

品鉴的要素

单宁

对于品鉴的第三个要素，我们要在四个马克杯中放入一份茶包。倒入开水，依次泡至不同的浓度，第一杯泡10秒钟，第二杯30秒钟，第三杯1分钟，第四杯5分钟。

等茶水冷却后，倒入四个玻璃杯中。从浓度低到高，依次品尝，这里要留意液体经过舌头和牙齿时的质地。茶水越浓，干涩感越强，这就是单宁在起作用，它是茶叶和红葡萄酒的品鉴要素之一。

酒精

最后一步，取四个玻璃杯，每杯加入相同量的伏特加。其中三杯依次加入水，每次的水量增加一倍，第四杯不加水。

同样的，依次抿一口，让其在口腔中翻滚。注意舌头和喉咙的感受：浓度越高，"灼热感"越强。

混合测试

结束测试时，试着将不同的茶水、糖水和柠檬水混合在一起。比如，柠檬水中混入越多的糖水，酸味越不明显。相同的，在浓茶中加入甜味和酸味，则收敛感越弱。这也同样适用于葡萄酒各要素之间相互形成平衡。

挑战一下

如果你已经用自己的方法品尝过了不同杯中的液体，可以请你的朋友打乱顺序来进行盲品。现在来猜猜每杯液体中的柠檬、糖分、茶叶或伏特加的浓度。同样也感受下哪种浓度最适合你的口味。有些人比较耐酸，有些人喜欢甜味，你呢？

来杯酒吧

作为最后一步，不妨给自己倒一杯葡萄酒，不论色泽、品牌或类型，任意一种都可以。抿一口，再想想那些品鉴的要素。这酒甜吗？酸度如何？单宁呢？余味中是否有灼热感？如果你可以在酒中一一道明这些元素，那么你已经有了自己的品酒力了。

葡萄酒丰富的风味与香气

某种意义上来说，上面的测试就是口腔的一次热身，可以帮助你更好地品尝葡萄酒。下面我们来练习下我们的嗅觉，它同样决定了葡萄酒的味道如何。

葡萄酒的语言

毫无疑问，对于外行人而言，葡萄酒令人扫兴的一件事儿就是用来描述它们的语言。如同现代美术和高级时装等领域一样，人们常常会暗暗怀疑葡萄酒的讨论太过虚伪高傲，而与杯中之物相去甚远。《纽约客》上的一幅漫画对此误解有很好的总结，并颇有代表性。漫画中的人物这样描述一瓶葡萄酒："这是一瓶没有教养的国产勃艮第，不过我确信你会被它的傲慢所逗乐。"

无需反感

然而对于那些真正热爱葡萄酒的人们来说，描述葡萄酒并不是一场竞赛，来看谁会用最为古怪的描述方式，从而让葡萄酒与大多数人疏远。用来描述葡萄酒的多数词汇是符合现实情况的，即使那些看似最为奇异的，如汗味、焦油味或湿石味。比如猫尿，也许你会闻而生厌，但它通常会与用长相思葡萄制成的佳酿合理地联系在一起，因为许多长相思葡萄中发现了与猫的排泄物相似的化学成分。而至于像黑加仑味和玫瑰花香这类不那么让人吃惊的描述，同样也是因为葡萄酒中发现了与其相似的化学成分。

让美酒易于记忆

描述葡萄酒风味和香气的真正目的在于帮助你牢牢记住这些美酒，以便在下次采购时想起。在下面几页，我们将会看到葡萄酒中某些最为常见的风味和香气。如果你手头恰好有一瓶酒，那么何不打开并给自己斟上一杯，看看你会发现哪些气味。或者尽可能多地收集水果、香料以及26~29页上列出的其他原型，提醒自己它们的香气和风味，为葡萄酒的品鉴热身。

柠檬及其他柑橘类水果有着令人印象深刻的风味和香气，它们也常常出现在葡萄酒中。

白葡萄酒与起泡葡萄酒

　　白葡萄酒（包括静酒和起泡葡萄酒）中有着千变万化的风味和香气，让自己熟悉最为常见的若干种，下次品酒时，看看你能否找出这些风味和香气。

柑橘味

柠檬、西柚、橘子、酸橙。柑橘风味通常出现在清爽宜人的干白葡萄酒和起泡葡萄酒中。

果园味

李子、桃、苹果、梨、榅桲、杏。某些葡萄品种可以产生特有的香气，比如维欧尼（Viognier，参见44页和151页）和阿尔巴利诺（Albariño，参见97页）中的桃味。

热带水果味

甜瓜、芒果、菠萝、香蕉、荔枝、番石榴。一般出现在较温暖气候区的白葡萄酒中，在馥郁型餐后甜酒中常有发现。

青味

青草、青椒、荨麻、干草、草本植物、洋蓟、青豆、茴香。长相思（Sauvignon Blanc）酿制的葡萄酒以其青味而闻名。

白葡萄酒与起泡葡萄酒

花香味

洋槐花、白色花、金银花、玫瑰花、天竺葵。雷司令（Riesling）年轻时常常花香四溢。

坚果味

杏仁、榛子。陈年的白葡萄酒中常有坚果味。

木头味

橡木、杉木、檀木。一些白葡萄酒在橡木桶中陈年后，会释放出木头的味道。

香料味

桂皮、丁香、生姜、白胡椒。某些葡萄品种会散发出香料的风味。比如绿维特利纳（Grüner Veltliner，参见第98页）常有白胡椒味。

矿物味

湿石、盐、铁。难以捉摸，但通常却是优质葡萄酒的标志。

面包房味

蜂蜜、甜面包、香草、黄油、吐司、酵母、饼干、奶油糖果、太妃糖、干果、葡萄干。它们会出现在馥郁型白葡萄酒和优质起泡葡萄酒中。

红葡萄酒与桃红葡萄酒

红葡萄酒、桃红葡萄酒与白葡萄酒具有某些相同的风味和香气,但红葡萄酒的水果特色通常比白葡萄酒更加深沉。有些葡萄酒特别长于其中一种特色,而那些顶级葡萄酒通常都会融合许多风味和香气在一起。

柑橘味

红橙、红葡萄柚、柑橘。柑橘味时常出现在黑皮诺(Pinot Noir)和桑娇维塞(Sangiovese)葡萄酒中。

红色水果与蔬菜味

红醋栗、草莓、蔓越莓、覆盆子、红樱桃、红莓、番茄、甜菜根。桃红葡萄酒和低度红葡萄酒中多有红色果香味。

黑色水果味

蓝莓、黑莓、乌梅、黑醋栗、黑李、桑葚。黑色水果味是所有红葡萄酒类型最为常见的描述。

干果味

李子干、葡萄干、无花果干。较温暖气候区酿制的红葡萄酒(参见153页)常有干果味。

红葡萄酒与桃红葡萄酒

花香味

紫罗兰、玫瑰、茉莉。内比奥罗（Nebbiolo）葡萄中常有玫瑰花香。

咸味

香醋、培根、橄榄、黑胡椒、蘑菇、松露、野味。这些咸味容易出现在较为陈年的葡萄酒中。

青味

青椒、薄荷、番茄叶、豆荚、草本植物、桉树、茴香、八角。这可能是使用未成熟葡萄酿酒的标志，但可以给葡萄酒增添清新的绿叶味。

其他

焦油、铅笔芯、皮革、烟熏、口香糖。焦油味经常出现在法国罗讷河谷（Rhône Valley）的西拉（Syrah）中（参见108页）；口香糖味则与酿酒过程中的二氧化碳浸泡有关。

咖啡味

巧克力、硬糖、烟叶、咖啡、茶叶、吐司、香草、椰肉、可乐果。这些香气许多来自于橡木桶中陈年的葡萄酒（参见145页）。

木头味

橡木、杉木、皂荚木。葡萄酒在橡木桶中陈年后的结果。

矿物味

湿石、铁。和白葡萄酒一样，难以捉摸，但通常是优质葡萄酒的标志。

如何品酒

葡萄酒的真正价值在于快乐地品饮，而不是摇晃着酒杯，嗅闻杯中之物。不过如果你想要精通各种味道，则需要有一定的鉴别力。

作为一名鉴赏家并不意味成为附庸风雅之徒，真正的行家十分清楚他们的目的所在。了解葡萄酒并找到自己的喜好的最佳途径是细细品味美酒，而不是囫囵吞枣。通过分析、品味、思考，甚至是讨论你的葡萄酒，而不是仅仅喝下它，你将学会如何用你的感官去评价这些葡萄酒，并形成你的个人看法。当你品鉴时，有几个关键的地方需要注意。

1. 色泽：浅色是否也意味着口感较淡？红葡萄酒陈年后，由亮紫色或红宝石色变为砖红色。白葡萄酒成熟后，则色泽更为深沉，多为金黄色。
2. 黏性：黏性就是酒杯中大量的酒痕或"酒脚"，它会提示这杯酒在口腔中的浓烈程度。
3. 气味：回想一下26~29页中介绍的香气。你能发现些什么吗？捉摸这些气味可以帮助你在未来记起这种葡萄酒或与之相近的款式。
4. 风味：闻过气味后，试着分析下味道吧。它好喝吗？优质的葡萄酒具有复杂但均衡的风味。

31页展示了品鉴葡萄酒的四个基本步骤，试着用随后的四种主要葡萄酒类型去练习。

倒一杯自己选中的葡萄酒，让我们开始品鉴之旅吧。

如何品酒

1 捏住酒杯的杯柄，在一张白纸或白色桌布前倾斜至一定角度，方便你观察其色泽。然后分析这杯酒。你从色泽中掌握到了什么？

2 小心摇晃葡萄酒，使酒液覆盖酒杯的内壁，使酒香更为浓郁。将鼻子放在酒杯前，慢慢地深吸一口气。你闻到了什么吗？

3 适量抿一口葡萄酒，留意它的风味。是否如同闻到的气味一样？或者更好？你能尝出新的风味吗？这些风味令人愉悦，还是让人生厌呢？

4 感受葡萄酒的质地。在口中体味它的浓稠感，花点时间去回味它。优质的葡萄酒会在吞咽后风味犹存，而那些精品葡萄酒则余味悠长。

如何品酒

1 品鉴 白葡萄酒

 外观：白葡萄酒色泽透明，从如水般的颜色到青黄色、草黄色和金黄色。

白葡萄酒几乎都是由青色和黄色果皮的葡萄酿制而成的。

 这种美味来自于酿酒过程中。与红葡萄酒相比，酿制白葡萄酒的果汁与葡萄皮接触较少，这意味着果皮中的风味（也称作酚类物质）成分释放得较少。

 香气与风味：白葡萄酒的香气和风味千变万化（参见26~27页）。不论是哪一种，与红葡萄酒相比它们都显得更为雅致。

 质地：虽然白葡萄酒的类型从特轻到特浓，从干型到特甜都有，但通常它们都清新怡神。

不论干型、微甜型，抑或甘美多汁的馥郁型，所有优质白葡萄酒中的清爽怡神品质都得益于葡萄采摘时有足够的酸度。

不论色泽如何，白葡萄酒通常都应该是明亮通透的

"白葡萄酒品种繁多，但总的来说，它比红葡萄酒更为轻盈和雅致。"

如何品酒

2 品鉴 红葡萄酒

外观：红葡萄酒的色泽从砖红色到红宝石色，再到蓝紫色，再到深紫色。它们可能是透明无色的，也可能是漆黑的深色，几乎不透明。

红葡萄酒由黑葡萄酿制而成，它们的颜色来自于葡萄皮中的色素，具体则取决于葡萄的品种、酿制的工艺以及年份长短。

香气与风味：与白葡萄酒相比，红葡萄酒的水果香气和风味要更为强烈，呈现出诸如樱桃、浆果、李子、红醋栗、深色干果和果酱等红色和黑色水果味，而不是柑橘味、果园味或热带水果味（参见28~29页）。

这些深色水果味是黑葡萄果皮细胞中风味化合物的产物，它们会在发酵的复杂过程中释放出来。具体的水果特色则取决于水果的产地、所使用的葡萄品种以及其所接受到的光照和温度。

隔着一张白纸，迎着光举起一杯葡萄酒，可以更好地观察它的色泽

质地：红葡萄酒与白葡萄酒的关键区别在于牙齿和牙龈四周的干度和耐嚼感。

这种感觉主要是单宁的作用，其绝大部分来自于葡萄的果皮、果核和果梗（也来自于一些用于葡萄酒陈年的橡木桶中）。因为与白葡萄酒和桃红葡萄酒相比，红葡萄酒在酿制时，果汁与它们接触的时间更长，所以单宁含量更高。

"与白葡萄酒相比，红葡萄酒更为浓烈和干涩。"

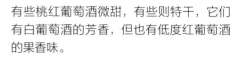

如何品酒

3 品鉴
桃红葡萄酒

外观：桃红葡萄酒的色泽从极浅的洋葱皮色到樱桃红色，再到明亮耀眼的桃红色。

在酿制桃红葡萄酒时，通常会轻轻挤压黑葡萄，让果汁与果皮接触一会儿后再分离，随后像白葡萄酒一样进行发酵（参见16~17页）。

有些桃红葡萄酒微甜，有些则特干，它们有白葡萄酒的芳香，但也有低度红葡萄酒的果香味。

风味：激爽，新鲜的柑橘风味中带点儿红色水果味。

试着盲品一杯白葡萄酒和一杯桃红葡萄酒，浅色干型桃红葡萄酒通常尝起来很像清爽型干白葡萄酒，都带有丰富的柑橘风味，你能区分出来吗？

香气：新鲜，富有诸如草莓、覆盆子、樱桃和蔓越莓一类红色水果的精致果香味。

质地：清爽轻盈，清新雅致。较深色的款式在口中感觉更为厚重，甚至还有点儿单宁感。

如同它们的味道一样，由于单宁的存在和清爽新鲜的感觉，所以大多数桃红葡萄酒的口感很像白葡萄酒。

桃红葡萄酒的色泽来自于黑葡萄的果皮

"可以将桃红葡萄酒当作用红葡萄酿制而成的白葡萄酒，雅致清新，并富有乐趣。"

如何品酒

4 品鉴
起泡葡萄酒

 外观：不论是红葡萄酒、桃红葡萄酒，还是目前最为常见的白葡萄酒，起泡葡萄酒与它们最鲜明的差异就是气泡。

起泡葡萄酒通过二次发酵来产生气泡（参见16页），二次发酵可以在单独的酒瓶或酒桶中完成，也可以通过注入二氧化碳来实现。

 香气与风味：起泡葡萄酒通常都有烘烤面包、甜面包和饼干的香气。

 在二次发酵产生气泡后，葡萄酒与失去活力的酵母细胞（酒泥）继续接触，会使某些起泡葡萄酒中带上特有的面包坊香气。

 质地：起泡葡萄酒的气泡柔和，有奶油味，可口，有刺痛感。气泡之下的葡萄酒尝起来轻盈，清爽，新鲜。

气泡的质地是衡量起泡葡萄酒品质的一种方式。气泡越柔和越漂亮，品质越高。一般来说，充气的葡萄酒口感尖锐，富有侵略性。

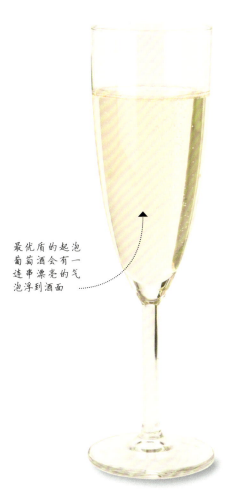

最优质的起泡葡萄酒会有一连串漂亮的气泡浮到酒面

"起泡葡萄酒色泽丰富，因其诱人的气泡而闻名。"

掌握不同酒种的差异

为了愉快地结束味觉测试，何不试着盲品一下？在没有事先了解的情况下，试着猜猜葡萄酒的类型，要特别留意葡萄酒的质地或感觉。

1 白葡萄酒
一般来说，白葡萄酒在风味和质地上更为精致，没有红葡萄酒中单宁的干涩感，所以许多人开始他们的葡萄酒探索之旅时，会觉得白葡萄酒更加平易近人。白葡萄酒通常用白葡萄（果皮呈青色到黄色）酿制而成，但有时也会使用黑葡萄进行轻微压榨。它们涵盖了从干型（酿制完成后酒中几乎不含糖）到甜型，以及其中的各种类型。

与红葡萄酒相比，白葡萄酒新鲜清爽，带有雅致的风味，质地更为轻盈。

2 红葡萄酒
与白葡萄酒相比，红葡萄酒风味更为强劲，口感更为浓烈。红葡萄酒的单宁含量也比白葡萄酒高，其干涩感如同久泡的浓茶一样。虽然偶尔也会掺入一些白葡萄，但红葡萄酒通常都是用黑葡萄（果皮呈红色至紫色）酿制而成。红葡萄酒可以是甜味的，但大多数常见的都是干型的。

与白葡萄酒相比，红葡萄酒厚重，且更为强劲，并带有单宁和深色水果的风味。

3 桃红葡萄酒
桃红葡萄酒在色泽（从浅洋葱皮色到很深的粉色）、风味和质地上，介于红葡萄酒和白葡萄酒中间。桃红葡萄酒喝起来更为新鲜和雅致，口感不如红葡萄酒那么干，几乎不含单宁。桃红葡萄酒是用黑葡萄酿制而成的，但酿酒时果汁与果皮的接触时间较短。大多数桃红葡萄酒不是干型就是半干型。

桃红葡萄酒比红葡萄酒更为轻盈，如白葡萄酒一般新鲜，混合了红色水果和柑橘的风味。

4 起泡葡萄酒
起泡葡萄酒通过给任何色泽（但通常为白色）的静酒在二次酿酒过程中添加或产生气泡酿制而成（参见16页）。比起白葡萄酒或红葡萄酒，它们都为新鲜清爽型，带有较高的酸度。虽然起泡葡萄酒通常喝起来干，比红葡萄酒或白葡萄酒含有更多的糖分，但糖分的甜味往往会被酸味所遮掩。

气泡是起泡葡萄酒的主要特色，它们应该是新鲜而清爽的。

盲品中，你可以分辨出起泡葡萄酒，但你能尝出白葡萄酒、红葡萄酒或桃红葡萄酒吗？

白葡萄酒的类型

将葡萄酒按类型划分，而不是按原产地或葡萄品种区分，可以使复杂的事物更易理解和分析。在这一节中，我们将来探究白葡萄酒的五大主要类型。

风味指引

全世界每年会生产数千种白葡萄酒，但大多数可以归入五大类别或类型中。这种分类绝不是相互排斥的，它们更像是道路上的指示牌一样，从颜色最浅的，最干的，最轻盈的，到最为浓郁的，最甜的，许多葡萄酒跨越了两种类别。但这样做却是帮助你探索心爱之物，并理解其原因所在的最佳手段。

五大类型

第一类清爽型干白葡萄酒，包含了那些特别轻盈和微妙的白葡萄酒。它们清新怡神，与海鲜是绝配。下一类是果香型干白葡萄酒，也是相当的清新，但果味更为明显，口感也可能更为强烈或饱满些。相比之下，饱满型干白葡萄酒作为干白葡萄酒中的重量级选手，在口中的质地饱满，这种感觉有时也被称为丰腴。随后的两种都是较甜的类型。半干型白葡萄酒微甜中带着芳香；馥郁型甜味葡萄酒呈金黄色，黏稠，口感好，与甜食搭配最佳。

心情与食物

在这一节品鉴课中，我们将会看到五款葡萄酒，它们分别是各自类型的代表。如果有你中意的类型，何不出去寻找相同类型的葡萄酒？同样的，在你品鉴时，细细地去品位。葡萄酒与食物在某种意义上毫无差别：这几天想要汉堡，过了几天又想要比萨或寿司，所以每一种类型的葡萄酒都要搭配不同的食物、场合，甚至是心情。

白葡萄酒的类型涵盖了轻盈微妙到厚重丰腴之间的种种。

品鉴环节

白葡萄酒的类型

1 清爽型干白葡萄酒
密斯卡岱

这是一款产自卢瓦尔河西部南特地区的特干型白葡萄酒，一般与当地盛产的海鲜搭配饮用。

推荐：卢瓦尔河谷大德丘菲芙盖琳密斯卡岱酒泥陈酿葡萄酒（Fief Guerin Muscadet Côtes de Grandlieu Sur Lie, Loire），或者试试莱艾库园（Domaine de L'écu）的密斯卡岱酒泥陈酿葡萄酒（Muscadet-sur-Lie）。

侍酒温度：12℃

葡萄品种：勃艮第香瓜

2 果香型干白葡萄酒
卢埃达（Rueda）

这是一款果香扑鼻的干型白葡萄酒，主要在西班牙西北部卡斯蒂利亚·莱昂省（Castilla y Léon）的卢埃达地区用K纳亚弗德乔葡萄（K-naia Verdejo）酿制而成。

推荐：西班牙最为常见的白葡萄酒之一，博尔诺斯宫弗德乔葡萄酒（Palacio de Bornos Verdejo）；K纳亚弗德乔葡萄酒。

侍酒温度：12℃

葡萄品种：弗德乔（Verdejo），维奥娜（Viura），长相思

3 馥郁型干白葡萄酒
澳洲维欧尼

维欧尼葡萄原产自法国罗讷河谷，但在过去的十年间，得到世界各地酿酒商的热烈推崇。

推荐：伊顿谷御兰堡酒庄的维欧尼葡萄酒（Yalumba Eden Valley Viognier），黑牌维欧尼葡萄酒（The Black Label Viognier）。

侍酒温度：14℃

葡萄品种：维欧尼

白葡萄酒的类型

4 微甜型白葡萄酒
雷司令

雷司令葡萄通常用来酿制干型葡萄酒，但德国阿尔萨斯（Alsace）地区和新西兰的一些酿酒商往往会酿出雅致微甜的款式。

推荐：德国摩泽尔的露森雷司令葡萄酒（Dr L Riesling, Mosel Germany），新西兰马尔堡的富利来博士雷司令葡萄酒（Forrest The Doctor's Riesling, Marlborough New Zealand）

侍酒温度：12℃

葡萄品种：雷司令

5 馥郁型甜白葡萄酒
苏玳（Sauternes）

法国波尔多地区的苏玳产区酿制某些世界顶级、最美味的金黄色甜酒。

推荐：克里蒙酒庄副牌葡萄酒（Cyprès de Climens），克里蒙酒庄正牌葡萄酒（Château Climens），绪帝罗酒庄副牌葡萄酒（Les Lions de Suduiraut）

侍酒温度：12℃

葡萄品种：长相思，塞米雍，密斯卡岱

在靠近德国边境的斯特拉斯堡（Stasbourg）——雷司令葡萄酒产区的核心地带，可以发现这些**典型的阿尔萨斯建筑**。

白葡萄酒的类型

1 清爽型干白葡萄酒
密斯卡岱

外观：极浅的柠檬黄色中带点青绿色。

清爽型干白葡萄酒通常用较寒冷气候区的肉多皮薄的葡萄酿制而成，使其与更加浓郁的葡萄酒相比，色泽略淡。

香气：微妙地混合了柠檬柑橘、青苹果和桃子的香气，但不是很强烈。

如果你已经习惯了强烈的风味，那么清爽型干白葡萄酒雅致的香气很容易被你所忽视。不过这正是它的魅力之一，所以不妨坦然受之。

风味：柠檬和苹果的新鲜风味，有点咸，浓烈的酵母味。

清爽型干白葡萄酒清新怡神，适合与清淡的食物搭配。它们的风味是美食的配角而非主角。

质地：非常干，轻盈，其酸味明快纯净，但不如柑橘那般尖酸。

这种酒用早熟的葡萄酿制而成，需要尽早采摘，以保持其酸度。清爽型干白葡萄酒带有清新强烈的柠檬味。这种类型的顶级品甫一入口，就会感觉非常干，但不应有尖酸或酸涩的感觉。

"如哨音般纯净，带有强烈的柠檬柑橘味。"

顶级密斯卡岱的酒瓶上会标有"sur lie"（酒泥陈酿）字样

白葡萄酒的类型

2 果香型干白葡萄酒
卢埃达

博尔诺斯宫（Palacio de Bornos）在西班牙卢埃达地区某些最好的地段拥有葡萄园

 外观：浅稻草色中带点儿青绿色。

从色泽上可以看出酿制这款酒的葡萄种植在温暖气候区中相对寒冷的地区（卢埃达地区的葡萄园因其相对高的海拔而受益匪浅）。

 香气：与密斯卡岱相比，其芳香更为浓郁，有强烈的葡萄柚味、桃味和甜瓜味，轻微的汗味（可接受的）。

果香型白葡萄酒可以传达出酿制所用葡萄品种的天然香气 [如这里的弗德乔葡萄（Verdejo）]。

 风味：带有诱人的葡萄柚、桃和热带水果的爽口新鲜果香味。干。

这是弗德乔葡萄的味道，如同大多数果香型干白葡萄酒一样，需要在低温下于不锈钢中发酵，才能保存这种微妙的水果风味。

 质地：简言之就是多汁。虽然比起密斯卡岱，更为圆润浓烈，酒精度也较高，但不会感到厚重，回味干且纯净。

果香型干白葡萄酒与清爽型干白葡萄酒质地相似，食物搭配原则也相似。

43

白葡萄酒的类型

3 馥郁型干白葡萄酒
澳洲维欧尼

 外观：亮黄色到深金色。

许多浓郁饱满的干白葡萄酒是在橡木桶中陈年的，少量氧气的渗入会使其呈现出金黄色。

 香气：与前两款葡萄酒相比，果香味更浓：熟透的桃味和杏味中透着点儿金银花香。

浓郁饱满的干白葡萄酒使用的葡萄大都在较温暖气候区中经历过冰雹，所以葡萄中的糖分和风味成分更多，香气更加饱满、强烈。

 风味：成熟的桃、金银花和梨的丰腴风味。

与清爽型干白葡萄酒和果香型干白葡萄酒相比，这款酒的果香味更加熟透，几乎到了瓜熟蒂落的程度。

 质地：口感强烈，甚至有点肥厚浓稠。但是不管它如何浓郁，一瓶上佳的馥郁型干白葡萄酒的余味通常都是干而纯净的。

这种葡萄酒采用肉少皮厚的葡萄酿制而成，与清爽型葡萄酒相比，果汁较少，但更为浓厚。因为酿制所用的成熟葡萄中糖分含量较高，所以馥郁型干白葡萄酒的酒精度一般较高，也使得其酒体更为饱满。

澳大利亚南部的御兰堡酒庄（Yalumba winery）擅长使用维欧尼葡萄来酿酒

4 微甜型白葡萄酒
雷司令

 外观：这种半干型白葡萄酒覆盖了白葡萄酒中从浅银灰色（如这里品鉴的雷司令葡萄酒）到亮金黄色的色泽。

你无法从视觉上判断一瓶葡萄酒是否味甜。

对于此类葡萄酒而言，这点甜味至关重要，它同样也存在于所有其他类型的白葡萄酒中。你会在清爽轻盈型白葡萄酒中发现这种甜味。你可以找到诸如这款雷司令的果香型白葡萄酒。即使某些馥郁型白葡萄酒有时也会带有少量的糖分。

 香气：这里品鉴的葡萄酒有白色花朵的芳香以及淡淡的桃味和苹果味。但微甜型白葡萄酒拥有各式各样程度不一的果香味。

同样的，你无法从气味上判断一瓶葡萄酒是甜还是干。即使这款清香型雷司令也可能是干型葡萄酒。

 质地：这款雷司令口感精致。酒精度低，但不至于让人不悦或感到苍白无味。

这对于优秀的半干型白葡萄酒十分重要。由于这少量的甜味会通过酸味来平衡，所以它不会导致结构失衡。在顶级的半干型葡萄酒中，糖分是所使用葡萄中的天然成分。在酿制干型葡萄酒时，所有葡萄中的糖分会转换为酒精，而对于半干型而言，酿酒师会在全部转化完成前就终止发酵。

 风味：这款葡萄酒在淡淡的苹果味、桃味和美味可口的酸橙味中，透出点甜甜的滋味，并带有钢铁或矿物的风味。

"类型多样，都带点儿甜味。"

白葡萄酒的类型

5 馥郁型甜味白葡萄酒
苏玳

外观：明亮的稻草色、金黄色或琥珀色。

与干白葡萄酒相比，馥郁型甜味白葡萄酒酿制时，会在果汁中掺入更多的果皮，所以会从果皮中获取更多的颜色。这些葡萄会特意进行脱水，如在采摘前后进行日晒，或让它们在树上结冻（可酿制冰酒），或像苏玳这样，让树上成熟的葡萄长出贵腐霉菌。

香气：特别浓郁的干果香气，还带有果酱和蜂蜜的气味。

浓烈的干果味是熟透的葡萄和（或者）葡萄干的表现。

风味：让人想起蜜饯或干果，而不是新鲜的水果。也有太妃糖、果酱、蜂蜜以及柑橘般的滋味。非常甜

在成熟季节长的气候区中，有着时间长、气候干燥但不会太温暖的秋季，葡萄成熟后仍可保留它们的酸度。

质地：特别浓郁和黏稠，介于干白葡萄酒和蜂蜜之间。回味悠长。

经过脱水，葡萄中的糖分浓缩后，含量很高，所以酵母无法将其全部转化成酒精。

这款葡萄酒出自苏玳产区著名的酿酒商克莱蒙酒庄（Château de Climens)

"尽情享受吧，它本身就如同甜点一般美味！"

白葡萄酒的类型

选酒

现在你已经掌握了常见的白葡萄酒种类，不妨在每种分类里另觅佳酿。

1 清爽型干白葡萄酒

这种酒在白葡萄酒中最为新鲜。酒体轻盈，香气微妙，夏日里享用更为清新怡神。

购买建议：总的来说，寻找新酿的葡萄酒，在一两年内饮用完毕。

食物搭配：适宜于与海鲜搭配。

不妨一试：诸如索阿维葡萄酒（Soave）、密斯卡岱葡萄酒、夏布利葡萄酒（Chablis）、灰皮诺葡萄酒（Pinot Grigio）、阿里高特葡萄酒（Aligoté）、维蒂奇诺葡萄酒（Verdicchio）、莎斯拉葡萄酒（Chasselas）以及贝普狄宾纳葡萄酒（Picpoul de Pinet）。

2 果香型干白葡萄酒

这种芳香型葡萄酒在新鲜感上与清爽型干白葡萄酒相似，但果香味更为鲜明。

购买建议：同样的，年轻时饮用，在一两年内喝完。

食物搭配：搭配鱼、海鲜以及清淡的亚洲美食。

不妨一试：诸如阿尔巴利诺葡萄酒、长相思葡萄酒、绿维特利纳葡萄酒、干型雷司令葡萄酒、朱朗松葡萄酒（Jurancon）、佳维葡萄酒（Gavi）、阿内斯葡萄酒（Arneis）以及阿西尔提克葡萄酒（Assyrtiko）。

3 馥郁型干白葡萄酒

这些酒体饱满、风味浓郁的葡萄酒通常产自较温暖气候区，有熟透的果香味和乳脂般的质地。

购买建议：适合陈年，特别是来自澳大利亚和法国的顶级品。

食物搭配：味浓的鱼菜和白肉。

不妨一试：来自勃艮第金丘（Burgundy's Côte d'Or）、美国和南非的霞多丽葡萄酒；玛珊葡萄酒（Marsanne）、塞米雍葡萄酒、白诗南葡萄酒（Chenin Blanc）、里奥哈白葡萄酒（white Rioja）。

4 微甜型白葡萄酒

这种类型的葡萄酒风味繁多，淡淡的甜味与酸味完美融合在一起。

购买建议：甜度可参考酒标说明，关键词有"半甜型"（demi-sec，法国）和"珍藏"（Kabinett）或者"晚摘"（Spätlese，德国）。

食物搭配：甜味很适合与辛辣食物搭配，可以中和辣椒或胡椒的灼热感。

不妨一试：灰皮诺葡萄酒、琼瑶浆葡萄酒（Gewürztraminer）、雷司令葡萄酒和许多白诗南葡萄酒为半干型；诸多葡萄园绿酒（Vinho Verde）酒体轻盈，仅为半干型，略带点儿气泡，比如莫斯卡托甜白葡萄酒（Moscato d'Asti）。

5 馥郁型甜白葡萄酒

这种葡萄酒所用的葡萄糖分含量高，味甜，风味浓郁，呈金黄色，口感浓稠。

购买建议：顶级品可保存数十年之久，但价格昂贵。

食物搭配：馥郁型甜葡萄酒很适宜与甜食搭配，但也可以与硬奶酪、蓝纹奶酪和肥腻的肝酱搭配。

不妨一试：法国蒙巴齐亚克（Monbazillac）和朱朗松（Jurancon）出产的甜酒，匈牙利（Hungary）的托卡伊葡萄酒（Tokaji），德国和奥地利的TBA级雷司令葡萄酒。

红葡萄酒的类型

和白葡萄酒一样，红葡萄酒的类型同样繁多。在本次品鉴课程中，我们将会看到五种类型，覆盖了从极为轻盈型到特浓烈型。

质量变化

正如本章之前"掌握不同酒种的差异"（参见30~37页）中所提到的，红葡萄酒通常比白葡萄酒更为厚重。这主要是因为酿酒时葡萄皮的浸泡时间较长，这些果皮包含了较多的天然化学成分单宁。不过，在你打开红葡萄酒之门后，你会发现其质量同样会随着类型的差异而发生变化。

五大类型

本节的第一类是淡雅型红葡萄酒，色泽几乎与桃红葡萄酒一样。质地轻盈，但个性非常突出。与淡雅型红葡萄酒紧密相连的是新鲜果香型红葡萄酒，果香味鲜明，相当多汁可口，爽口怡神。事实上，在法国它们也被称为"能解酒瘾的红酒"（vins de soif，字面意思就是"解渴的酒"）。在暖和的天气和夏日里，这些清新怡神的红葡萄酒稍加冷却后风味更佳。顺滑果香型红葡萄酒有一点浓稠，但其特色在于喷涌而出的浓浓果香味，伴随着柔和圆润的质地。最后，但绝不是最弱的，是两款重量级选手，在寒冷的冬季最显本色。馥郁强烈型红葡萄酒色泽深沉，风味厚实。甜味加强型红葡萄酒则是葡萄酒世界中的餐后佳酿，可以为一顿美味画上完美的句号。

圣埃美隆（Saint Émilion）的奥格拉维特级红葡萄酒（Haut Gravet Grand Gru）色泽深沉，酒体饱满，富含单宁。

品鉴环节

1 淡雅型红葡萄酒
斯贝博贡德（Spätburgunder）

这种德国红葡萄酒采用黑皮诺葡萄，色泽浅淡，质地轻盈，但有复杂的红色水果风味和迷人柔和的质地。

推荐：布鲁尔酒庄斯贝博贡德葡萄酒（Georg Breuer Spätburunder），艺术家经典斯贝博贡德葡萄酒（Franz Künstler Spätburunder Tradition）。

侍酒温度：14℃

葡萄品种：斯贝博贡德（也被称为黑皮诺）

2 新鲜果香型红葡萄酒
博若莱（Beaujolais）

这款葡萄酒在佳美葡萄的作用下，多汁，有欢快的浆果香味，感觉轻盈但充满活力，出产自法国博若莱产区至勃艮第南部。

推荐：布鲁依坡的亨利菲斯酒庄（Henry Fessy Côte de Brouilly），博若莱的皮扎伊酒庄（Château de Pizay Beaujolais）。

侍酒温度：12~14℃

葡萄品种：佳美（Gamay）

3 顺滑果香型红葡萄酒
智利梅洛

浓郁的成熟果味和柔和的单宁是这种价格合理的红葡萄酒的标志，出产自智利气候温暖、光照充足的中央谷地。

推荐：卡萨布兰卡西菲罗珍藏梅洛干红葡萄酒（Vina Casablanca Cefiro Reserva Merlot），干露酒庄红魔鬼梅洛红葡萄酒（Concha y Toro Casillero del Diablo Merlot）。

侍酒温度：14℃

葡萄品种：梅洛

红葡萄酒的类型

4 馥郁强烈型红葡萄酒
加利福尼亚州西拉调配

这种深色、复杂的加利福尼亚州红葡萄酒也充满了深色水果的风味和单宁感,口感饱满。

推荐:塔布拉斯湾干红葡萄酒(Tablas Greek Côtes de Tablas),菲斯帕克西拉红葡萄酒(Fess Parker Syrah)

侍酒温度:13℃

葡萄品种:西拉、歌海娜、慕维得尔(Mourvèdre)

美国加利福尼亚州

旧金山
塔布拉斯湾(Tablas Creek)
洛杉矶

5 甜味加强型红葡萄酒
波特

通过在红葡萄酒中添加葡萄蒸馏酒精酿制而成,产自葡萄牙杜罗河谷地区。风味新鲜丰富,味甜,但绝不腻口。

推荐:格兰姆陈年波特酒(Graham's Crusted Port),泰勒晚装瓶年份波特酒(Taylor's Late Bottled Vintage Port)。

侍酒温度:18℃

葡萄品种:国产多瑞加、法国多瑞加、罗丽红、巴罗卡红、卡奥红

杜罗河谷
波尔图(Porto)
里斯本
葡萄牙

基安蒂(Chianti)地区酿酒商的葡萄园,遍布于佛罗伦萨(Florence)和西耶那(Siena)之间的托斯卡纳山区(Tuscan hills),酿制出顺滑并富有果香味的红葡萄酒。

红葡萄酒的类型

1 淡雅型红葡萄酒
斯贝博贡德

外观：浅淡的浆果红色。

如果一款葡萄酒的色泽较浅，它的质地通常（但并不总是）也更为轻盈。这款葡萄酒采用薄皮的黑皮诺葡萄酿制而成。

香气：芳香清雅。如草莓、覆盆子一样的红色水果味，并有微妙的泥土气息。

这种类型的红葡萄酒通常有深红色水果的风味。黑皮诺葡萄一般都有点儿泥土的芳香。

风味：多汁的红色水果风味，带点儿柑橘味和蔓越莓味。

一般来说，气候越寒冷的地区出产的红葡萄酒越精致，因为在采摘时大量酸度会保留在葡萄中，给葡萄酒增添了新鲜的水果味。

质地：干，但不收敛或苦涩。轻盈丝滑。

与强烈型红葡萄酒相比，淡雅型红葡萄酒酿制所用的葡萄单宁的天然含量低。它们口感不浓烈，但值得留意。

斯贝博贡德是黑皮诺葡萄的德语叫法

"芳香四溢，雅致微妙，口感丝滑。"

红葡萄酒的类型

2 新鲜果香型红葡萄酒
博若莱

外观：鲜艳明快的红宝石色到紫色。

这是年轻葡萄酒的颜色。新鲜果香型红葡萄酒最好在鲜亮的色泽和明快的风味没有消失前，趁着年轻就喝完（年份在一两年以内）。

香气：新鲜，刚采摘的覆盆子和黑莓味，可能还带点儿花香味（紫罗兰）。

许多新鲜果香型红葡萄酒在酿制时采用一种叫"二氧化碳浸渍法"的工艺，可以保存鲜明的水果香气和风味，但如果技术不熟练的话，则会带入香蕉和口香糖的风味。

风味：更多的是相当鲜明的水果味和新鲜的酸味。

一般来说，新鲜果香型红葡萄酒酿制时无需在新橡木桶中陈年，那样做会给浓郁型干白葡萄酒带来烘烤的风味。

质地：干，轻盈，多汁，单宁极少。

酿制新鲜果香型红葡萄酒所用的葡萄通常皮薄果大，使其多汁且单宁少（单宁主要来自果皮和果核）。与其他红葡萄酒相比，此类酒侍酒前应稍加冷却。

 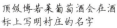
顶级博若莱葡萄酒会在酒标上写明村庄的名字

"爽脆，多汁，有浆果味。"

红葡萄酒的类型

3 顺滑果香型红葡萄酒
智利梅洛

外观：色泽深沉，浆果的深红色。

顺滑果香型红葡萄酒所用的葡萄一般果皮较厚，与前两种相比，酿制时果汁与果皮接触的时间较长。

香气：成熟的黑色水果味，如黑樱桃、黑加仑和李子。

与较为清淡的红葡萄酒相比，顺滑果香型红葡萄酒一般产自更为温暖的气候（如智利宜人的中央谷地），果香味更为成熟和深沉。

风味：李子和樱桃的多汁果味，微妙的咖啡或香草味。

这种葡萄酒在橡木桶中陈年后，成熟的果味通常更为圆润，释放出甜甜的咖啡和香草风味。

质地：酒体中等，多汁。与清淡型红葡萄酒相比其口感更为浓稠，但依旧顺滑。

与比较清淡的红葡萄酒相比，顺滑果香型红葡萄酒单宁和酒精含量高，但得益于熟透的果味，所以它们不会过于明显。

虽然酒标上仅注明单一葡萄品种，但其中可能混有高达25%的其他葡萄品种

"丰满柔和，以成熟的水果味闻名。"

红葡萄酒的类型

4 馥郁强烈型红葡萄酒
加利福尼亚州西拉调配

外观：浓稠，深沉，几乎为不透明的紫色。

酿制馥郁强烈型红葡萄酒所用的葡萄皮厚果小，因而色泽较为深沉、暗淡。

香气：深色水果味，咖啡味，巧克力味，可能还有点儿香草或烟熏味。

和所有葡萄酒一样，其香气随着葡萄品种及种植地区的不同而有所变化，但馥郁强烈型红葡萄酒在新橡木桶中陈年后香气复杂，表现更好。

风味：强烈集中的深色水果和干果风味中带有咖啡、巧克力和香草味。

馥郁强烈型红葡萄酒通常产自较温暖气候区，这里日照充足、温热暖和，葡萄的厚果皮得以成熟。

质地：浓稠且干。口感浓烈强劲。

此类型红葡萄酒所用葡萄中糖分和单宁含量高，所以酿出的葡萄酒酒精含量高，单宁感强。

"风味集中，质地强烈，是葡萄酒界的强者。"

红葡萄酒的类型

5 甜味加强型红葡萄酒
波特

外观：不透明的紫色，酒裙则褪至红宝石色或砖红色。

波特酒的酿酒师们在发酵前，会尽可能多地从葡萄中获取颜色。传统的做法是在石槽中进行踩踏。

香气：强烈的干果、深色果酱或蜜饯、香料和巧克力味。

波特所用葡萄种植在葡萄牙非常温暖的杜罗河谷，这里漫长炎热的夏季使其充满了浓郁的果香味。

风味：和香气一样，有浓厚的干果和黑色水果、香料以及巧克力风味。味甜，强烈。

这种葡萄酒糖分含量较高，口感甜。对于波特酒而言，酿酒师会在糖分完全转化成酒精之前，于其中加入葡萄蒸馏酒精，以停止发酵，酿出加强型葡萄酒。

质地：十分顺滑，但浓厚坚实。

波特酒从葡萄的厚果皮中获取了大量单宁，但经过大橡木桶的精心陈酿，通常口感顺滑。其酒精度比其他葡萄酒高，为20%。

"沉淀"（Crusted）是波特酒的一种，因为酒瓶中会有无害的沉渣或沉淀而得名

"一种顺滑可口且甜味强烈的红葡萄酒。"

红葡萄酒的类型

选酒

试着按建议的原则，来给自己最爱的红葡萄酒类型搭配食物，然后再试试其他类型的不同款式，看看自己的喜好是否会改变。

1 淡雅型红葡萄酒

这种色浅但颇引人关注的淡雅型红葡萄酒，通常产自较为寒冷的气候区，风味微妙复杂。

购买建议：这种类型的许多款式都可以陈年，可从你的酒商那儿获取建议。

食物搭配：白肉与多肉型鱼。

不妨一试：试试法国勃艮第、新西兰和美国俄勒冈州生产的黑皮诺葡萄酒，以及法国卢瓦尔河谷的品丽珠葡萄酒（Cabernet Franc）。

2 新鲜果香型红葡萄酒

这种多汁型红葡萄酒有鲜明的果香味，单宁少，酸味重，很适合冷却后在夏日里品尝。

购买建议：这种酒最好在年轻时饮用，而不要等到鲜明的果香味挥发殆尽。

食物搭配：家禽、轻微熏烤的冷盘肉以及多肉型鱼。

不妨一试：意大利北部的多姿桃葡萄酒（Dolcetto）和瓦尔波利塞拉葡萄酒（Valpolicella），以及澳大利亚的特宁高葡萄酒（Tarrango）。

3 顺滑果香型红葡萄酒

这种红葡萄酒口感成熟圆润，耐嚼，酒体中等，有顺滑的果香味，易于入口，风味浓厚。

购买建议：款式多样，价格高低不等，其中的顶级品陈年后十分出众。

食物搭配：意大利面、比萨、猪肉和清淡的食物。

不妨一试：法国波尔多、美国加利福尼亚州和华盛顿的梅洛葡萄酒，里奥哈葡萄酒，基安蒂葡萄酒以及蒙帕赛诺阿布鲁诺红葡萄酒（Montepulciano d'Abruzzo）。

4 馥郁强烈型红葡萄酒

作为葡萄酒世界中的重量级选手，这种浓烈持久的葡萄酒色深味重，有深黑色水果味，单宁和酒精含量高。

购买建议：这种类型的葡萄酒需经过五年以上陈酿才可使风味纯熟和谐。

食物搭配：烘烤的红肉、油腻的炖肉。

不妨一试：法国波尔多和美国加利福尼亚州的赤霞珠葡萄酒、巴罗洛葡萄酒（Barolo）、罗讷河谷的西拉葡萄酒以及澳大利亚的西拉子葡萄酒（Shiraz）。

5 甜味加强型红葡萄酒

这种甜味加强型红葡萄酒口感浓烈但顺滑，酒精度高，所以浓郁温热。

购买建议：年份波特酒和其他甜味加强型葡萄酒可以陈酿数十年。较为便宜的款式则可以立即品尝。

食物搭配：巧克力和巧克力布丁，硬奶酪。

不妨一试：产自澳大利亚、南非和美国的波特风格葡萄酒，法国南部的巴纽尔斯葡萄酒（Banyuls）和莫里葡萄酒（Maury），以及希腊的佩特雷黑月桂葡萄酒（Mavrodaphne Patras）。

桃红葡萄酒的类型

随着桃红葡萄酒在全世界的日益流行，它不再是红、白葡萄酒的陪衬了。桃红在法语中意为粉红色，但此类酒中依然有许多细微的差别。

在餐厅或酒吧里，想要随意来一杯桃红葡萄酒十分容易，仿佛这个名字本身就代表一种特定的葡萄酒类型。然而即便不如红、白葡萄酒那样风格多样，也并不是所有的粉色葡萄酒都是相同的（或者都是那么粉）。

事实上，桃红葡萄酒有三大主要类型。第一种色泽很浅，干且新鲜，如果你没有看到它的颜色，可能会把它当成干白葡萄酒。第二种同样干，但色泽醒目，风味突出，几乎可与特轻型红葡萄酒相混淆。第三种色泽也相当浅，但通常味甜，差不多像蜜饯一样。

桑塔丽塔（Santa Rita）是中等酒体干型桃红葡萄酒的代表。

桃红葡萄酒的类型

品鉴环节

1 清爽轻盈型桃红葡萄酒
普罗旺斯桃红葡萄酒

产自法国南部的色泽很浅的一种桃红葡萄酒，带有微妙的红色水果味和柑橘的新鲜感。

推荐：卡西斯马格德莱娜酒庄桃红葡萄酒（Clos Ste-Magdeleine Cassis Rosé），普罗旺斯特酿（MIP），普罗旺斯丘桃红葡萄酒（Côtes de Provence Rosé）。

侍酒温度：8℃

葡萄品种：歌海娜、神索（Cinsault）、慕维得尔（Mourvèdre）

2 中等酒体干型桃红葡萄酒
西班牙罗萨多

桃红葡萄酒［当地又称之为"罗萨多"（Rosado）］在西班牙全境都有酿制，通常会带有明显的浆果风味。

推荐：卡塞里侯爵酒庄里奥哈桃红葡萄酒（Marqués de Cáceres Rioja Rosado），各式托雷斯桃红葡萄酒（Torres Rosados）。

侍酒温度：8℃

葡萄品种：歌海娜、佳丽酿

3 甜度适中型桃红葡萄酒
加利福尼亚州白仙粉黛

这种葡萄酒采用美国加利福尼亚州的红葡萄仙粉黛酿制而成，虽不是白葡萄酒，但甜度适中，带有鲜明的粉红色。

推荐：嘉露家族庄园白仙粉黛（Gallo Family Vineyards White Zinfandel），舒特家族白仙粉黛（Sutter Home White Zinfandel）。

侍酒温度：6℃

葡萄品种：仙粉黛

桃红葡萄酒的类型

马格德莱娜酒庄（Clos Ste-Magdeleine）是普罗旺斯卡西斯产区顶级的桃红葡萄酒制造商

1 清爽轻盈型桃红葡萄酒
普罗旺斯桃红葡萄酒

外观：浅淡的鲑红色或洋葱皮色。

普罗旺斯桃红葡萄酒与当地深色的红葡萄酒一样，采用相同的红葡萄品种进行酿制，但在破皮后，会将果汁与果皮分离数小时。

香气：非常微妙的红色、白色浆果和花朵的气息。

普罗旺斯桃红葡萄酒通常轻快雅致，只有微妙的浆果香气才能将其与白葡萄酒真正区分开。

风味：清爽的柑橘味和粉色葡萄柚味，带点儿蔓越莓和草莓的风味。

这种葡萄酒会和白葡萄酒一样，在低温下于中性不锈钢中进行发酵，以保留其雅致的果香味。同样的，酿制所用的葡萄通常也在较为寒冷的夜晚或清晨进行采摘。

质地：轻盈优雅，非常清新怡神，回味纯净。

在普罗旺斯，红葡萄在温暖的天气里状态最佳，桃红葡萄酒在夏日可以当做白葡萄酒来饮用，并搭配鱼和较为清淡的食物。

"优雅，精致，有诱人的新鲜和清爽感。"

桃红葡萄酒的类型

2 中等酒体干型桃红葡萄酒
西班牙罗萨多

 外观：醒目鲜亮的樱桃粉色。

与普罗旺斯桃红葡萄酒相比，西班牙的桃红葡萄酒通常在酿制时果皮与果汁的接触时间更长。

 香气：成熟的浆果（草莓、樱桃）香气。可能还有点儿黑胡椒味。

许多西班牙桃红葡萄酒是采用歌海娜葡萄酿制的，这种葡萄即使酿成红葡萄酒，也会保持其特有的香气。

 风味：干但活力十足，带有醇厚的草莓、奶油味和覆盆子般多汁的酸味。

典型的歌海娜风味，可以与杏仁和西班牙香肠一类的咸味食物完美结合在一起。

 质地：中等酒体，但清爽，回味纯净。

有时，果皮会释放出少量的单宁，使西班牙桃红葡萄酒带有很微妙的收敛感。

透明的玻璃酒瓶可以充分展示这款葡萄酒明亮的色泽

"鲜明的红色浆果的成熟风味，余味纯净。"

桃红葡萄酒的类型

3 甜度适中型桃红葡萄酒
加利福尼亚州白仙粉黛

 外观：非常鲜明但很浅的粉红色。

加利福尼亚州桃红葡萄酒被称为"玫瑰红"葡萄酒是事出有因的。酿酒时，果皮浸泡时间短，所以色泽浅淡。

 香气：西瓜、桃和草莓硬糖的气息，但不是很强烈。

酿制白仙粉黛所用的葡萄一般出自产量高的葡萄园中，所以葡萄的风味并不是很浓。

 风味：甜，有点儿像棉花糖或果味软饮。

酿酒师会在糖分全部转化成酒精前故意终止发酵，在成品酒中保留一点儿糖分。

 质地：轻盈。除非在较低温下进行侍酒，否则会有些甜腻。

嘉露家族酒庄（The Gallo family）是美国最大的酿酒商

"棉花糖和草莓的甜味。"

桃红葡萄酒的类型

选酒

桃红葡萄酒原本是一种典型的适合在夏日饮用的葡萄酒，但在过去的几年里却取得了突飞猛进的发展，人们试着在一年四季里感受它的微妙魅力，而全世界许多的酿酒商也开始将其纳入各自的产品线中。

1 清爽轻盈型桃红葡萄酒

轻盈爽脆中带有柑橘和精致的红色水果风味，普罗旺斯的桃红葡萄酒是绝佳的佐餐佳酿。

购买建议：可以试试诸如卡西斯、普罗旺斯丘（Côtes de Provence）、普罗旺斯埃克斯丘（Coteaux d'Aix-en-Provence）以及瓦尔丘（Coteaux Varois）的桃红葡萄酒。

食物搭配：非常适合搭配普罗旺斯生菜沙拉，以及其他鱼和海鲜。

不妨一试：世界各地用黑皮诺酿制的桃红葡萄酒，特别是法国卢瓦尔河谷的桑塞尔（Sancerre）桃红葡萄酒。

2 中等酒体干型桃红葡萄酒

这种较为浓烈的西班牙式桃红葡萄酒，色泽鲜艳，有成熟的浆果味，通常采用歌海娜葡萄进行酿制。

购买建议：在纳瓦拉（Navarra）和里奥哈寻找最棒的西班牙桃红葡萄酒。

食物搭配：鱼和烤鸡，西班牙海鲜烩饭和意大利烩饭，熟食。

不妨一试：来自澳大利亚、阿根廷、智利，以及法国罗讷河谷塔维勒（Tavel）和利哈克（Lirac）的干型桃红葡萄酒。

3 甜度适中型桃红葡萄酒

白仙粉黛甜蜜如糖，但酒精度低，是非常流行的一款桃红葡萄酒，带有草莓糖和棉花糖的风味。

购买建议：这种类型的酒没有特别出众的酿酒商。它极易获取，价格合理。

食物搭配：冷却后，酒中的糖味适宜，与较为清淡、微辣的亚洲美食搭配。

不妨一试：其他半干型和甜味桃红葡萄酒，诸如法国卢瓦尔河谷的安茹桃红葡萄酒（Rosé d'Anjou）或者葡萄牙品牌马习士（Mateus Rosé）。

不论一年中的什么时候，一杯冷却后的桃红葡萄酒越来越成为大家的心头所爱。

2
强化篇

现在你已经熟悉了许多不同类型的葡萄酒，是时候来探究它们的原料和产地了。在这一章，你将会学习到诸如霞多丽和赤霞珠一类的葡萄品种的风味和质地，并了解是什么让波尔多红葡萄酒如此迥异于它的加利福尼亚州同类。

本篇中我们将会了解以下内容：

白葡萄品种
pp.66~77

红葡萄品种
pp.78~89

**欧洲经典
白葡萄酒**
pp.90~101

**欧洲经典
红葡萄酒**
pp.102~113

**新世界经典
白葡萄酒**
pp.114~121

**新世界经典
红葡萄酒**
pp.122~129

**全球各类
起泡葡萄酒**
pp.130~137

白葡萄品种

可用于酿酒的葡萄品种有数千种之多。虽有例外，但大多数白葡萄酒都是用白葡萄酿制而成，每种葡萄都会赋予葡萄酒独特的风味和特色。在本节中，你将会了解到使用最为广泛的六种白葡萄。

顶级明星

有谚语说，"模仿是最真挚的恭维"，法国勃艮第和卢瓦尔河谷的酿酒师应该因此而自豪。这里是葡萄园的精神家园，也是世界上酿酒最常用的两大白葡萄的原产地，分别是长相思（来自卢瓦尔河谷）和霞多丽（来自勃艮第）。

长相思酿制的果香型干葡萄酒充满韵味，带有明显的绿叶味。这种葡萄同样也用于波尔多的白葡萄酒中，而在法国之外，则与新西兰紧密相连，近年来，南非和智利也加入了该阵营。霞多丽在葡萄酒世界中应用广泛，其酿制的干型葡萄酒风格多样全面，既有勃艮第清爽并带有燧石般风味的夏布利葡萄酒，也有加利福尼亚州温和、浓厚的金黄色品种。

紧随其后的是灰皮诺，果皮颜色深沉，但在意大利北部地区却用来酿制清爽型白葡萄酒。在阿尔萨斯和新西兰，黑皮诺可以酿出芳香醇厚的半干型白葡萄酒。

希望之星

本节中出现的其他三种葡萄虽然在全世界各地都有大量应用，但在国际上的名声却远不如前三种。变化多样的雷司令不论在干型还是甜型葡萄酒中，都以其爽口的酸味和芬芳的花香而闻名，在德国、奥地利和法国阿尔萨斯地区，以及澳大利亚、新西兰、美国部分地区大量种植。白诗南是卢瓦尔河谷白葡萄的另一大杰作，同样也可以在南非酿出复杂浓郁的葡萄酒。最后一种琼瑶浆，它在阿尔萨斯最为常见，可以酿制带有麝香味、醉人的芳香型葡萄酒，个性十分鲜明。

当你品鉴这些葡萄酒时，你将会发现所谓的品种特色：特定葡萄品种与众不同的纯粹果香味。试着记住这些特色，看看它们是如何区分彼此的？

琼瑶浆葡萄主要种植在法国，用来酿制干型和甜型葡萄酒。

白葡萄品种

品鉴环节

1 霞多丽
智利

智利全国的酿酒商都有酿制霞多丽，一般为带有丰富成熟果香味的较浓郁的类型。顶级品产自较为寒冷的地带，如卡萨布兰卡（Casablanca）或者利达谷（Leyda）。

推荐：拉博丝特酒庄卡莎亚历山卓霞多丽白葡萄酒（Casa Lapostolle Cuvée Alexandre Chardonnay），龙丘酒庄霞多丽白葡萄酒（Loma Larga Chardonnay）。

侍酒温度：10~12℃

葡萄品种：霞多丽

2 长相思
南非

南非的酿酒商在过去的几十年里才真正转向长相思，风格纯正清爽，特别是从埃尔金（Elgin）到开普敦东南部较为寒冷的地区。

推荐：爱纳酒庄白诗南白葡萄酒（Iona Sauvignon Blanc），托卡拉白诗南白葡萄酒（Tokara Sauvignon Blanc）。

侍酒温度：8~10℃

葡萄品种：长相思

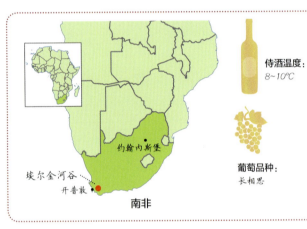

3 雷司令
美国华盛顿州

雷司令在美国靠太平洋一侧荒无人烟的西北部找到了落脚点，很容易让人联想到寒冷的欧洲北部，这里可以酿制出果味芳醇的葡萄酒。

推荐：环太平洋瓦卢拉庄园雷司令白葡萄酒（Pacific Rim Wallula Vineyard Riesling），圣密夕英雄雷司令白葡萄酒（Chateau Ste Michelle Eroica Riesling）。

侍酒温度：8~10℃

葡萄品种：雷司令

白葡萄品种

4 白诗南
法国卢瓦尔河谷

白诗南从干型到甜型,有许多类型,但通常都相当浓郁。我们将会看到一款来自卢瓦尔河谷的典型的干白葡萄酒,而这里也是白诗南葡萄的故乡。

推荐:予厄高地园半干型白葡萄酒(Domaine Huet Le Haut Lieu Sec Vouvray)、安茹格兰奇酒庄白葡萄酒(Domaine La Grange aux Belles Fragile Anjou)。

侍酒温度:10~12℃

葡萄品种:白诗南

5 灰皮诺
意大利东北部

此类酒的许多款味道温和,但来自意大利遥远北部的弗留利(Friuli)和上阿迪杰(Alto Adige)的顶级灰皮诺则稍带芳香。

推荐:弗留利东坡丽斐酒庄灰皮诺白葡萄酒(Livio Felluga Pinot Grigio Colli Orientali)、上阿迪杰艾琳娜沃尔什灰皮诺白葡萄酒(Elena Walch Pinot Grigio, Alto Adige)

侍酒温度:8℃

葡萄品种:灰皮诺

6 琼瑶浆
法国阿尔萨斯

琼瑶浆带有强烈的麝香花香,让人又爱又恨。可酿成干型、半干型和特甜型,以阿尔萨斯地区的最棒。

推荐:阿尔萨斯保罗子恩科酒庄自酿琼瑶浆白葡萄酒(Maison Paul Zinck Alsace Gewürztraminer)、阿尔萨斯贺加尔酒庄琼瑶浆白葡萄酒(Hugel Alsace Gewürztraminer)。

侍酒温度:10~12℃

葡萄品种:琼瑶浆

白葡萄品种

1 霞多丽
智利

外观：诱人明亮的金黄色。

霞多丽葡萄成熟后，会由绿色变为金黄色。霞多丽的产区有漫长而温暖的生长季，并在完全成熟后进行采摘。

香气：成熟菠萝、香蕉和甜瓜的丰富果香味，并带有些许微妙的烘烤味、坚果味和香草气息。

葡萄的成熟感在更加浓郁的水果风味中展现出来。在较为寒冷的地区，如法国的勃艮第，那里的葡萄成熟度不高，霞多丽更加倾向于柑橘味或果园水果味。

风味：成熟菠萝、香蕉和甜瓜的浓郁风味。也有点儿奶油味和黄油味。烤坚果味、香草味、奶油糖果味。

霞多丽葡萄与橡木的风味和香气（坚果味、香草味、烘烤味）密切相连，所以许多霞多丽葡萄酒会用橡木桶进行酿制。

质地：浓郁，入口烈，带有奶油味和黄油味的口感，回味清新。

酿制霞多丽时通常会进行苹果酸发酵，这种方法多见于红葡萄酒中，可以将苹果酸转换为更为柔和的乳酸，口感更加浓郁，并带有黄油味。

卡萨布兰卡是智利最好的霞多丽产区之一

"金黄色，浓郁，馥郁，有奶油味"。

白葡萄品种

2 长相思
南非

外观：鲜明的浅草黄色中带点儿青绿。
这是采用不锈钢桶而不是橡木桶酿制而成的赤霞珠葡萄酒的典型色泽。

香气：剪草、芦笋和鹅莓的香气，还有点儿柑橘和菠萝味，芳香浓烈。
长相思的香气中常有一种嫩绿的青味。在较温暖气候区，更有热带水果的气息。一般来说，南非产的长相思可以将上述两种香气融合在一起。

风味：在柑橘，特别是葡萄柚风味的基础上，更多的是多汁的绿色水果浓厚的风味。
在某些长相思葡萄酒中，青味占据了主导，更像是罐装青椒或芦笋的风味，这通常是因为使用了过于茂盛的葡萄树上尚未完全成熟的葡萄所致。不过许多人却独爱这一味，所以就有酿酒师在葡萄酒中非法地加入工厂制的青椒风味。

质地：口感明快新鲜，纯净清爽。
顶级长相思葡萄酒产区的气候更容易保留葡萄中的酸度：温暖气候区中带有凉爽海风的地区（如南非的埃尔金），或者昼暖夜寒的地区［如智利多地（Chile）］，或者像卢瓦尔河谷这样的温和气候区。

海风使埃尔金成为长相思的绝佳产地

"鲜绿色，新鲜的芳香型干白葡萄酒。"

71

白葡萄品种

3 雷司令
美国华盛顿州

 外观：亮黄色中带点儿银色。

雷司令葡萄酒年轻时常有点儿银色。

 香气：芳香清淡。有花香、果园水果香（苹果、梨、黄李）、桃香和酸橙香气。

雷司令是天然芳香型葡萄品种，酿制时不能受橡木影响。酿酒师使用不锈钢桶，或者大的旧橡木桶，以保证酿制时不会掺入新橡木的烘烤味。雷司令陈年后，会产生汽油味和烘烤味。

风味：欢快的水果味占主导，并带有一点儿钢铁般的酸味。许多雷司令葡萄酒余味中带有湿石的矿物味。

雷司令葡萄天然酸度高，带有鲜明的清净感。种植地区不同，会呈现湿石的矿物风味，特别是在有板岩土壤的德国摩泽尔（Mosel）地区（见96页），但也会出现在土壤情况复杂的华盛顿州哥伦比亚谷（Columbia Valley）中，如这里选取的葡萄酒款式。

 质地：轻盈且干的雷司令葡萄酒既有轻盈精致的甜型，也有甜腻型。

雷司令即使在未完全成熟前，也已经有了复杂的风味（自然成熟）。这意味着，它可以用来酿制低酒精度（记住，葡萄酒的酒精度数取决于葡萄中的糖分含量）的轻盈型葡萄酒，而无需牺牲其风味。酿制雷司令时经常会在酒中保留部分糖分，以平衡其突出的酸味。

环太平洋的酿酒商擅长雷司令葡萄酒的酿制

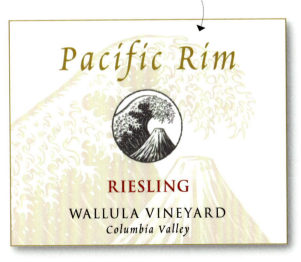

"雅致的花香，芬芳中带有锐利的酸味。"

白葡萄品种

4 白诗南
法国卢瓦尔河谷

顶级白诗南可以陈年数十年之久

外观：醒目的草黄色，成年后变为金黄色。
白诗南是晚熟型葡萄，成熟后呈黄色。

香气：干草、温柏、烤苹果和蜂蜜味。
白诗南陈年时间越长，香气越浓，独特的蜂蜜和干草或湿稻草的气味逐渐超越了新鲜的苹果味。

风味：和其香气一样，浓郁丰富的风味中伴随着令人愉悦的酸爽味。
如果酸味令人愉悦听起来有点奇怪，不妨想想苹果或温柏酱的酸味，它会削弱其他的风味。

质地：可以是特干、半干或甜味，不过通常酒体都很饱满。余味强烈，有白垩（土）味。
白诗南葡萄天然酸度高，很适合酿制甜酒，糖分可以与鲜度平衡。在卢瓦尔河谷的萨维涅尔（Savennières）和南非出产的干型白诗南中，浓郁的果香与同样来自于白垩土的韧性质地完美平衡，完全不同于其他白葡萄酒。

"浓郁，酒体饱满，鲜明的蜂蜜味中带有甜酸味，兼有坚韧温和的质地。"

白葡萄品种

5 灰皮诺
意大利东北部

"Grigio"在意大利语中意为灰色,这些葡萄色泽暗沉,但并非黑色

外观：极浅的黄色中带点儿银灰色,偶尔还有些微妙的粉红色。

灰皮诺(在法国称为"Pinot Gris")葡萄果皮颜色深,但在压榨后,果汁会与果皮直接分开。

香气：白色花朵微妙新鲜的气息,伴随着梨和苹果精致的香气。

这是一瓶产自意大利东北部的灰皮诺葡萄酒。法国阿尔萨斯、美国俄勒冈州和新西兰酿制的灰皮诺葡萄酒芳香更为强烈,带有桃、杏和香料的气味。

风味：梨和清爽柠檬的清淡精致的风味。

意大利灰皮诺风味清淡,这是过度种植的结果,即每棵葡萄树上结的葡萄过多。法国灰皮诺则香料味更重,果香味更加浓郁。

质地：酒体极轻。顶级品有种微妙的多肉耐嚼感。

意大利灰皮诺采摘时间较早,所以酸度高,糖分少。糖分越多,酒精度数越高,则葡萄酒的质地更为厚重。相反的,法国灰皮诺的口感更加浓郁肥厚。

弗留利(Friuli)产区可以酿制出高品质的灰皮诺

"意大利灰皮诺清爽优雅,而法国灰皮诺则肥厚中带有香料味。"

白葡萄品种

6 琼瑶浆
法国阿尔萨斯

 外观：浅淡的琥珀色至金黄色。

琼瑶浆葡萄本身有雅致的粉红色，但却不出现在酿成的葡萄酒中。

 香气：浓厚的荔枝、玫瑰香水和干花的香气，并有麝香味。

为什么这款酒香气如此浓厚？那是因为有些葡萄品种本身就更为芳香宜人。下次你去超市时，可以对比下麝香（Muscat）葡萄和汤普森无籽葡萄（Thompson Seedless），看看它们有什么不同。

 风味：更多的是鲜明强烈的花香味，但也有点儿生姜、柠檬香草或者高良姜的风味。

琼瑶浆在全世界各地都有少量种植，但它们不像阿尔萨斯地区的琼瑶浆那样，有香料的复合风味。

 质地：肥厚，黏稠，强烈。余味纯净。

琼瑶浆对于酿酒师的挑战在于选取采摘的最佳时机，需避免酸度太低、糖分（即之后的酒精含量）过高，从而使酿制的葡萄酒油腻发苦。

从酒标上很难看出琼瑶浆的甜度或干度

"芳香醇厚，以其荔枝和玫瑰风味而易于辨识。"

白葡萄品种

选酒

本节所品鉴的白葡萄品种仅是全世界众多葡萄中的一小部分,此外还有数千种之多,酿酒师们常常会将两种以上葡萄调配在一起,使葡萄酒充满每种葡萄不同的个性、风味或质地。

干白葡萄酒与软质奶酪是绝配。

1 霞多丽葡萄酒

霞多丽在全世界各地都有种植,可以酿制未经橡木桶陈酿的新鲜清爽的干白葡萄酒。但其也很适合与橡木搭配,可以酿成酒体饱满并有黄油味的金黄色白葡萄酒。

购买建议:新鲜型可以试试夏布利葡萄酒或者标有"unoaked"(未经橡木桶陈酿)的葡萄酒;而顶级的馥郁型霞多丽葡萄酒则价格略高。

食物搭配:新鲜型搭配海鲜;馥郁型搭配鱼、白肉和蘑菇。

不妨一试:在馥郁型干白葡萄酒中,可以试试里奥哈和罗讷河谷的白葡萄酒;而对于更为新鲜的类型而言,可以试试阿里高特(Aligoté)或者维蒂奇诺(Verdicchio)葡萄酒。

2 长相思葡萄酒

长相思葡萄酒带有鹅莓和剪草独有的扑鼻芳香,在较温暖气候区呈现出芒果等热情如火的热带水果的风味,但常伴有新鲜清爽的酸味。

购买建议:长相思葡萄酒最好在年轻时就饮用完,年份在2至3年以内。

食物搭配:鱼和海鲜,山羊奶酪以及芦笋。

不妨一试:试试芳香型白葡萄酒,如来自西班牙的阿尔巴利诺(Albariño)和来自奥地利的绿维特利纳(Grüner Veltliner)。

白葡萄品种

西班牙南部，**刚采摘下来的白葡萄堆积在一起**，正在阳光下晒干。

3 雷司令葡萄酒

雷司令葡萄酒可以是干型或甜型，并通过酸度的锐利程度进行区分。年轻时，花香、桃味和果园水果的风味占据主导，陈年后有汽油味和烘烤的香气。

购买建议：雷司令很适合陈年后饮用，顶级品可陈年数十年之久。

食物搭配：清淡的鱼菜和微辣的亚洲美食。

不妨一试：麝香、米勒图高（Müller-Thurgau）或者西万尼（Sylvaner）葡萄酿制的花香型白葡萄酒。

4 白诗南葡萄酒

这是另一个种类多样的葡萄品种，酿制的葡萄酒覆盖了从干型到特甜型，浓郁、粉笔味和苹果般酸味的对比相当让人愉悦，伴随着蜂蜜、温柏和干草的风味。

购买建议：查看背后的酒标，注意酒的甜度。在法国，白诗南葡萄酒可以从干型到半干型，再到特甜型。

食物搭配：较干型搭配烤鸡，较馥郁型和较甜型则搭配法式苹果挞。

不妨一试：法国汝拉地区的萨瓦涅（Savagnin）、澳大利亚的塞米雍和匈牙利的福尔明（Furmint）葡萄酿制的干型葡萄酒。

5 灰皮诺葡萄酒

银色果皮的意大利灰皮诺可以酿制出雅致清爽的干型白葡萄酒，带有微妙的梨和苹果风味以及一点儿香料味。法国灰皮诺酿制的葡萄酒则有杏味和香料味。

购买建议：牢记意大利灰皮诺和法国灰皮诺的区别，前者可以保存数年之久，而后者则需趁着年轻饮用。

食物搭配：意大利灰皮诺葡萄酒搭配鱼和海鲜，法国灰皮诺葡萄酒搭配意大利烩饭、野味和白肉。

不妨一试：其他意大利的白葡萄品种，如特雷比奥罗［Trebbiano，来自奥维托（Orvieto）和弗拉斯卡蒂（Frascati）］，或卡尔卡耐卡［Garganega，来自索阿维（Soave）］，可以酿出和灰皮诺风格相似的葡萄酒；玛珊（Marsanne）和瑚珊（Roussanne）葡萄可以酿制出馥郁型干白葡萄酒，酒精度与灰皮诺相近。

6 琼瑶浆葡萄酒

琼瑶浆可以酿制出口感浓稠、芳香宜人的葡萄酒，以其荔枝味和玫瑰香水味而易于辨识，既有干型，也有甜型。

购买建议：顶级琼瑶浆葡萄酒来自法国阿尔萨斯标有"Grand Cru"（单一的葡萄园）的产区。

食物搭配：搭配经过调味的中国和东南亚美食。

不妨一试：特浓情（Torrontés）和麝香葡萄在较清淡的葡萄酒中有些琼瑶浆的芳香。维欧尼质地与之相似，但桃味更重。

红葡萄品种

与白葡萄一样，红葡萄已经从它的欧洲故乡走上了世界舞台。其中一些品种脱颖而出，这里我们将会看到最为常见的六个品种，它们都个性鲜明。

四大天王

与白葡萄酒一样，统治优质红葡萄酒酿制的葡萄依旧是法国品种，或者至少先在法国流行起来。其中的领导品种有时也被称为"四大天王"，每一种都与法国特定的产区紧密相连，分别是：赤霞珠、梅洛、黑皮诺和西拉。

赤霞珠风味浓烈，果皮厚，在波尔多地区尤为突出，可以酿制出强烈且有质地的葡萄酒，带有坚实的单宁和酸味，以及黑醋栗的风味。这种葡萄在全球分布很广，尤其在美国加利福尼亚州、智利、阿根廷、澳大利亚以及意大利托斯卡纳海岸特别成功。

梅洛同样与波尔多地区紧密相连，不论在法国还是世界其他地区，它常与赤霞珠搭档，制成调配酒（世界其他地区称之为"波尔多调配"）。梅洛可以酿制出较为柔和丰满的红葡萄酒，带有深色李子、黑樱桃和巧克力的特色。

勃艮第地区对于红葡萄酒的贡献是黑皮诺，它可以酿制出轻盈、优雅新鲜的红葡萄酒，充满红色水果的风味。虽然勃艮第依旧是黑皮诺无可争议的王者，但近些年，美国俄勒冈州和加利福尼亚州、新西兰、澳大利亚和智利开始崛起，欲与其一争锋芒。西拉是罗讷河谷重要的葡萄品种，单独使用可以酿出强劲多肉的红葡萄酒，并带有黑胡椒和黑莓风味，也可以与多汁并有果酱味的歌海娜进行调配。它在澳大利亚颇受推崇，当地称之为西拉子，可以酿制出浓厚、漆黑色、带有黑色水果甜味的红葡萄酒。它在智利、南非、美国、新西兰和法国南部也有广泛种植。

其他两种

除了上述四大品种外，还有歌海娜葡萄（Crenache，在西班牙称之为"Gamacha"），它是众多里奥哈葡萄酒的灵魂支柱，与其并列的是西班牙最为重要的酿制红葡萄酒所用的葡萄品种——丹魄（Tempranillo），它类型多样，名字众多，如Tinta Fino、Tinto del、País、Tinta del Toro，在葡萄牙，则称为Tinta Roriz和Aragones。尽管丹魄种类很多，但还没有在伊比利亚半岛以外流行起来，仅有澳大利亚、美国俄勒冈州和阿根廷有少量使用。

现在许多红葡萄酒会在酒标上注明葡萄的品种，它们是你对瓶中风味进行预期的绝佳指引。

赤霞珠是最为常见的葡萄品种之一，在全球各地都有种植。

品鉴环节

红葡萄品种

1 赤霞珠
智利

大多数智利的酿酒商都有生产赤霞珠，它们通常带有鲜明的黑醋栗味，物超所值。

推荐：柯诺苏酒庄赤霞珠红葡萄酒（Cono Sur Cabernet Sauvignon），伊拉苏酒庄赤霞珠红葡萄酒（Errázuríz Cabernet Sauvignon）。

侍酒温度：16℃

葡萄品种：赤霞珠

2 梅洛
美国华盛顿州

侍酒温度：16℃

葡萄品种：梅洛

美国靠太平洋一侧的西北部以梅洛而出名。这里与波尔多地区纬度相同，但两地的气候则有天壤之别。

推荐：霍斯黑文山哥伦比亚山峰梅洛红葡萄酒（Horse Heaven Hills Columbia Crest Merlot），艾科勒酒庄梅洛红葡萄酒（L'Ecole 41 merlot）。

3 西拉/西拉子
法国朗格多克

西拉广泛种植在法国面积最大、产量最高的朗格多克产区，这里可以酿制出浓烈、有草本植物香味的款式。

推荐：奥克地区歌易达庄园红葡萄酒（Domaine Gayda Syrah IGP Pays d'Oc），奥克地区伊奥斯庄园香料味西拉红葡萄酒（Domaine les Yeuses Les Épices Syrah IGP Pays d'Oc）。

侍酒温度：16℃

葡萄品种：西拉/西拉子

红葡萄品种

4 黑皮诺
美国俄勒冈州

在过去几十年里,位于美国靠太平洋一侧西北部、与华盛顿州比肩相邻的俄勒冈州,已经发展成为黑皮诺的行家,威拉米特河谷(Willamette Valley)可以酿制出丰满纯正的葡萄酒。

推荐:爱德森酒庄黑皮诺红葡萄酒(Adelsheim Pinot Noir),神马酒庄黑皮诺红葡萄酒(Firesteed Pinot Noir)。

侍酒温度:14℃

葡萄品种:黑皮诺

美国俄勒冈州

澳大利亚南部

5 歌海娜
澳大利亚南部

歌海娜常与西拉子调配在一起,但其本身也可以酿制出鲜亮、多汁、柔和的红葡萄酒,带有浓厚的红色水果味和淡淡的香料味。

推荐:巴罗萨山谷彼德利蒙酒庄背对背歌海娜红葡萄酒(Peter Lehmann Back to Back Grenache),巴罗萨山谷黛伦堡酒庄守护者歌海娜红葡萄酒(d'Arenberg The Custodian Grenache)。

侍酒温度:16℃

葡萄品种:歌海娜

6 丹魄
西班牙拉曼查

丹魄与西班牙东北部的里奥哈产区(参见111页)联系最为紧密,但在西班牙全境都有酿制,以其柔和的草莓风味而闻名。

推荐:拉曼查卡拉特拉瓦侯爵酒庄丹魄红葡萄酒(Marqués de Calatrava Tempranillo, La Mancha),奥乔亚佳酿级丹魄红葡萄酒(Ochoa Crianza Tempranillo)。

侍酒温度:16℃

葡萄品种:丹魄

红葡萄品种

1 赤霞珠
智利

 外观：鲜明的深紫色。
赤霞珠果皮厚，可以酿制色泽深沉的葡萄酒。

 风味：欢快的黑加仑味，偶尔也有些许铅笔芯和杉木的风味。
赤霞珠常在橡木桶中陈年，可以带入杉木和铅笔芯的风味。陈年后，优质的赤霞珠更多地会呈现出雪茄盒和烟草一类的辛辣风味，甚至还有点儿多肉感。

 香气：强烈果香味，丰富成熟的黑加仑味中可能带有淡淡的薄荷味。
黑加仑是赤霞珠特有的果香味。赤霞珠葡萄酒常有淡淡的青味，可能是诱人的薄荷味（特别是在智利），或桉树味[澳大利亚古纳华拉（Coonawarra）产区]；如果葡萄没有完全熟透，则也可能变成青椒和番茄茎的味道。

 质地：干，相当厚实耐嚼，几近生硬，但余味新鲜。
肉少皮厚的葡萄赋予年轻的赤霞珠特有的结构，陈年后（5年至数十年），单宁和酸度的坚实组合会得到柔化，这种情况在波尔多地区特别明显（参见107页）。

"结构强烈生硬，带有黑加仑的风味。"

自行车象征着柯诺苏酒庄（Cono Sur's）对环境的贡献

红葡萄品种

哥伦比亚山峰（Columbia Crest）是华盛顿州最大的酿酒商圣密夕酒庄（Chateau Ste Michelle）的自有品牌

2 梅洛
美国华盛顿州

外观：很深的红色到紫色。

与赤霞珠相比，梅洛皮薄果大，使所酿的葡萄酒呈现出红色。

香气：成熟的李子、黑樱桃和森林水果的香气，还有一点儿巧克力、咖啡、香草或水果蛋糕的香气。

梅洛葡萄早熟，秋雨来袭前就可以采摘了，是一种常见的但相当不好种植的葡萄品种。薄薄的果皮会吸引昆虫，并容易腐烂。如果种植者方法得宜，会有极好的收获。

风味：更多的是甜李和森林水果成熟丰满的风味。

梅洛种植广泛，可供选择的品质档次最多。如果采用"过度种植"，即每棵葡萄树上多结果实，会降低风味的集中度。不过其顶级品却有很棒的浆果味。

质地：丰富，多肉，带有单宁柔化后的迷人感。

梅洛常与赤霞珠一起种植，梅洛的质地更为柔和顺滑，生硬感少，所以在波尔多和其他地区，其都是制作调配酒的绝佳搭档。

"柔和馥郁，带有多肉的李子和森林水果的风味。"

83

红葡萄品种

3 西拉/西拉子
法国朗格多克

 外观：深沉，几乎如墨水般的紫黑色。
西拉葡萄厚实的果皮色泽浓重，酿制的葡萄酒色泽深沉。

 香气：有黑莓、黑胡椒、草本植物、肉桂和香草的香气。
与白葡萄品种品鉴中的灰皮诺一样，西拉和西拉子同属一种葡萄，但却代表了不同的葡萄酒类型。西拉更为明快，胡椒味较重，口感更好；西拉子一般来说，则有更加浓郁的水果甜香味。

 风味：风味浓郁，与香气相称，但也有焦油、皮革、培根脂肪和草本植物的某种美味。巧克力味。
同样的，西拉与西拉子酿制的葡萄酒风格各有不同。对于前者而言，可以期待更多的柏油味和黑胡椒味；而对于后者来说，则较甜的果味会掩盖巧克力味。

 质地：从油滑轻快到超级顺滑、相当浓稠。
与西拉子相比，西拉一般种植在较寒冷气候区（虽然并不是那么冷），葡萄中保留了较高的酸度，所以口感更为轻盈油滑。而对于西拉子，特别是对于种植在澳大利亚非常温暖的巴罗萨（Barossa）产区的西拉子来说，果实更为成熟，糖分较高，酒精度数也高，口感更加浓厚。

歌易达庄园（Gayda）的标志上有朗格多克产区传统的十字标志

"一种葡萄两种风格，既有黑胡椒香料味的柔顺西拉，也有果香四溢的顺滑西拉子。"

红葡萄品种

4 黑皮诺
美国俄勒冈州

 外观：鲜明的宝石红色，边缘色泽略浅。黑皮诺葡萄果皮薄，酿出的葡萄酒色泽较浅。

 香气：草莓、樱桃和覆盆子等红色水果的香气。可能还有些花香味和泥土的气息，像湿草味一样。

黑皮诺在较冷气候区种植收成较好。薄薄的果皮需要大量日照，但无需高温，使其缓慢成熟。温度太高，会很快带来果酱的风味，而日照太少，所酿的葡萄酒会酸涩、单薄，难以入口。

 风味：更多的是红色水果的风味，果味新鲜、雅致，伴随有淡淡的土腥味。

对于酿酒商而言，黑皮诺是个狡猾的家伙。如果果皮与果汁接触太久，其风味会失之雅致；而在新橡木桶中陈年，其风味则会被烘烤味所遮掩。

 质地：轻盈但持久，口感丝滑，清新怡神。

顶级黑皮诺葡萄酒永远不会像赤霞珠或西拉子那样浓重强烈，但它有与众不同的丝滑口感，酸度高，单宁轻柔优雅，酒精度数低。

爱德森酒庄（Adelsheim）以其创始人大卫·爱德森（David Adelsheim）和金尼·爱德森（Ginny Adelsheim）命名

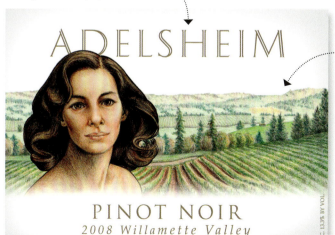

威拉米特河谷以其优质的黑皮诺而闻名

"芳香优雅，丝滑般轻盈的红葡萄酒，带有微妙的力量感。"

红葡萄品种

5 歌海娜
澳大利亚南部

外观：鲜明的宝石红色，有时还带点儿橙色。

歌海娜果皮薄，色泽浅淡。

香气：红色水果的成熟果香味，有时会被草莓或覆盆子酱的气味所遮掩。在某些款式中，还有白胡椒和野生草本的复合气息。

歌海娜成熟时间晚，需要充足的日照和温度。气味最浓的歌海娜出自那些低密度种植（每棵葡萄树的果实相对较少）的有数十年历史的老牌葡萄园。

风味：成熟的红色浆果的甜味，草本植物和白胡椒的风味。

浓厚的果甜味和柔和的单宁使歌海娜成为很好的调配品种，赋予葡萄酒以深色水果味和强烈坚实的单宁感。

质地：馥郁，柔顺，多汁，丰满而强烈。

歌海娜在风味完全成熟后，会积累大量糖分，所以酿制的葡萄酒酒精含量高，一般都在14%以上。

"背靠背"（Back to Back）牌葡萄酒出自彼德利蒙酒庄（Peter Lehmann）

"阳光感十足，有红色水果的甜香味，浓烈。"

红葡萄品种

6 丹魄
西班牙拉曼查

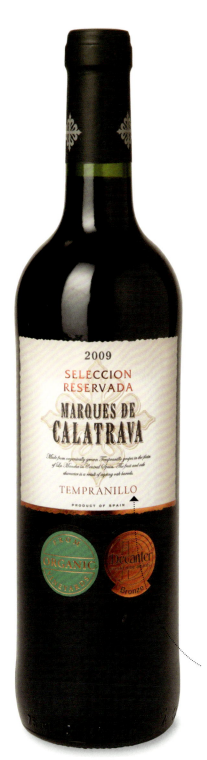

 外观：鲜明的宝石红色中带点儿石榴红。

丹魄的果皮相当薄，酿制的葡萄酒在橡木桶中经过多年陈酿后，会带点儿石榴红和砖红色。

 香气：草莓、叶子和香草的香气，还有皮革和野味的香味。

同样深受橡木影响。经过大量传统西班牙酿酒实践，丹魄葡萄酒在美国橡木桶中陈酿多年后，可以获得香草和椰子的风味。

 风味：更多的是柔和的草莓味。野味和皮革的香气更多地通过味觉传达出来，还有烟草和香料的气息。

丹魄葡萄酒陈年后风味更加芳醇。西班牙里奥哈产区西北部杜埃罗河岸（Ribera del Duero）和托罗（Toro）出产的顶级丹魄葡萄酒可以陈年达数十年之久。

 质地：酒体中等，圆润柔和。

这是一瓶典型的丹魄葡萄酒。不过一些当代西班牙酿酒师已经开始酿制色泽较深、果香更加浓郁、单宁感更强的丹魄葡萄酒了。

这瓶丹魄葡萄酒产自拉曼查产区

"香醇柔和，草莓和椰子味中带点儿咸味。"

87

红葡萄品种

选酒

和白葡萄一样，红葡萄的品种多达数千种之多。本节介绍的品种都会在味道和质地上赋予所酿葡萄酒以独特的风格特色。即使是同一种红葡萄，出自全世界不同的产区，其风味也会迥然相异，不过通常都有相似之处。

红葡萄酒从果皮中获取它们的颜色或大多数特有风味。

1 赤霞珠葡萄酒

赤霞珠是一个十分常见的葡萄品种，所酿的葡萄酒质地强烈耐嚼，带有黑加仑、铅笔芯和杉木的风味，并经常与梅洛在一起调配。

购买建议：智利出产的赤霞珠葡萄酒性价比高。顶级品来自波尔多和加利福尼亚州的纳帕谷。

食物搭配：烤红肉和深色野味。

不妨一试：意大利内比奥罗（Nebbiolo）葡萄酒，或者来自法国西南部马迪朗（Madiran）或乌拉圭的丹娜（Tannat）葡萄酒。

2 梅洛葡萄酒

梅洛经常在波尔多式调配中与赤霞珠搭档，所酿的葡萄酒更为丰富柔和，带有黑李、黑樱桃和巧克力的风味，质地顺滑。

购买建议：波尔多产区的波美侯（Pomerol）和圣埃美隆（St-Émilion）出产世界顶级的梅洛葡萄酒。

食物搭配：烤肉，如羔羊肉、鸭子或牛肉。

不妨一试：阿根廷的马尔贝克（Malbec）葡萄酒或者智利的卡曼纳（Carménère）葡萄酒。

3 西拉/西拉子葡萄酒

具有两种不同类型的单一葡萄品种。第一种西拉有黑胡椒味，质地柔顺；另一种西拉子则更加浓稠顺滑，带有黑色水果的甜香味。

购买建议：西拉葡萄酒可以尝试法国北部罗讷河谷和朗格多克产区以及新西兰，西拉子葡萄酒则可以试试澳大利亚和南非。

食物搭配：油腻的炖肉和红肉。

不妨一试：意大利南部的艾格尼科（Aglianico）葡萄酒，葡萄牙的国产多瑞加（Touriga Nacional）葡萄酒。

红葡萄品种

卡曼纳（**Carménère**）葡萄原产自法国，但如今主产区在智利。

4 黑皮诺葡萄酒

这种葡萄适宜在较寒冷的气候种植，可以酿制轻盈优雅的红葡萄酒，带有独一无二的清淡丝滑的单宁，酸味清爽，有红色水果和泥土的特色。

购买建议：优质的黑皮诺葡萄酒大多价值不菲。寻找一款不错的黑皮诺需要破费银两，而顶级品则要大出血。

食物搭配：清淡的野味乃至较为多肉的鱼类（如三文鱼、金枪鱼）。

不妨一试：诸如法国卢瓦尔河谷的赤霞珠一类芳香优雅的红葡萄酒；西班牙西北部加利西亚（Galicia）的门西亚（Mencía）葡萄酒；奥地利的茨威格（Zweigelt）葡萄酒。

5 歌海娜葡萄酒

歌海娜是常用的调配品种，其生存能力强，可以在温暖气候区中生长旺盛，酿制的葡萄酒充满阳光感，有红色水果的果甜味，有时带有白胡椒和草本的风味，多汁，通常酒精度数高。

购买建议：虽然酒标上未有说明，但在罗讷河谷著名的教皇新堡（Châteauneuf-du-Pape）和吉恭达斯（Gigondas）产区的葡萄酒，以及西班牙普里奥拉托（Priorat）产区的顶级红葡萄酒中，歌海娜是常见的搭配。

食物搭配：油腻的炖肉和香肠。

不妨一试：对比气候条件相似的澳大利亚（南部和新南威尔士州）、普罗旺斯（邦多勒产区）和西班牙（胡米亚产区）用慕维得尔（Mourvèdre）酿制的浓稠型葡萄酒。这种葡萄也被称为蒙纳斯翠尔（Monastrell）和马塔罗（Mataro）。

6 丹魄葡萄酒

丹魄是西班牙最为重要的红葡萄品种，同时也是葡萄牙杜罗河谷的主要品种，但在其他地方难觅踪迹。丹魄葡萄酒经常在橡木桶中陈年很长时间，使其带有草莓、椰子柔和的香味。

购买建议：里奥哈是丹魄葡萄酒的王者。杜埃罗河岸（Ribera del Duero）和托罗（Toro）出产的丹魄葡萄酒带有更为浓烈的深色水果风味；拉曼查（La Mancha）的丹魄葡萄酒则颇具性价比。

食物搭配：炖烤猪肉和羔羊肉。

不妨一试：酒体中等、爽口的葡萄酒，如托斯卡纳基安蒂产区（Tuscany's Chianti region）的桑娇维塞（Sangiovese）葡萄酒或者希腊的希诺玛洛（Xinomavro）葡萄酒。

欧洲经典白葡萄酒

欧洲优质的白葡萄酒是其他葡萄酒产区的参照标准,并在欧洲大陆广为酿制。在本节中,我们将会看到六种经典的白葡萄酒,它们十分常见,并经受过时间的考验。

白葡萄酒之旅

这里起,我们将进入葡萄酒相当有趣的部分,看看葡萄酒营销中的区域性,以及一瓶瓶葡萄酒如何诗意般地横于全世界。对于酿酒师而言,葡萄酒的产区与酿造所用的葡萄品种同样重要。事实上,许多欧洲经典的葡萄酒产区,甚至不会在酒标上注明葡萄的品种,因为他们相信葡萄酒应是其产区特有风格的外在表现。比如,当你品鉴一瓶法国勃艮第最北边的夏布利(一个仅生产霞多丽葡萄酒的产区)所出产的霞多丽葡萄酒,其味道远不同于其他任何地方。

地方法令

欧洲各国对于产区风格的强调突出表现在各种葡萄酒法令上。希望在酒标上注明产区的欧洲酿酒师们,必须遵循这些法令,以保护本地的酿酒工艺。不同产区的规定各有不同,但通常都会涵盖到可用于酿酒的葡萄品种、每公顷葡萄园的最大采摘量以及葡萄酒销售前的陈年时间这些内容。在葡萄酒商店和餐厅的酒单上,这些遍布欧洲的受保护区域一般都用法语中的"产区"(appellation)来标示。

产区之别

本节品鉴课中,我们将会游历欧洲最为著名的几大白葡萄酒产区,各地都有其鲜明的味道和风格。每个产地都会使用不同的葡萄品种,它们会对葡萄酒的风味产生重要影响。此外,我们还会通过品鉴,逐步掌握土地、环境和气候之间独特的相互作用,以及由此产生的独一无二的区域性。

位于卢瓦尔河谷东部桑塞尔地区的**葡萄园**,这里是法国优质白葡萄酒的种植区。

品鉴环节

欧洲经典白葡萄酒

1 夏布利　法国勃艮第

霞多丽葡萄出自法国勃艮第地区，夏布利镇四周酿制的特干型白葡萄酒以其钢铁味和矿物味的特色而闻名。

推荐：威廉费尔酒庄夏布利葡萄酒（Domaine William Fèvre Chablis）或者丹普父子酒庄夏布利白葡萄酒（Domaine Daniel Dampt Chablis）。

侍酒温度：8~10℃

葡萄品种：霞多丽

2 桑塞尔　法国卢瓦尔河谷

作为卢瓦尔河谷的经典产区，桑塞尔擅长单一品种长相思，酿制的白葡萄酒带有青草、鹅莓和燧石的风味。

推荐：桑塞尔诺德酒庄（Domaine Naudet Sancerre），桑塞尔亨利博卢瓦酒庄（Domaine Henri Bourgeois Sancerre）。

侍酒温度：8~10℃

葡萄品种：长相思

3 雷司令　德国摩泽尔

摩泽尔河两岸出产轻盈优雅的典型半干型白葡萄酒，酒精含量在7%~9%。

推荐：马克费迪·里克特酒庄雷司令精选卡比纳白葡萄酒（Weingut Max Ferd Richter Graacher Himmelreich Riesling Kabinett），圣优荷夫酒庄优质QbA白葡萄酒（St Urbans-hof Riesling QbA）。

侍酒温度：8~10℃

葡萄品种：雷司令

欧洲经典白葡萄酒

4 阿尔巴利诺
西班牙下海湾

加利西亚（Gdlician）西北部的下海湾产区与西班牙其他地方相比，气候较为寒冷潮湿，非常适合种植芳香醇厚的阿尔巴利诺葡萄。

推荐：塞尔塔堡（Castrocelta）或者马丁·歌达仕（Martín Códax）的阿尔巴利诺也是很棒的选择。

侍酒温度：8~10℃

葡萄品种：阿尔巴利诺

5 绿维特利纳
奥地利

绿维特利纳是奥地利特有的国际名片，其顶级品出自东部的凯普谷（Kamptal）、克雷姆斯（Kremstal）和瓦赫奥（Wachau）产区。

推荐：凯普谷产区卢瓦莫酒庄绿维特利纳白葡萄酒（Loimer Grüner Veltliner, Kamptal）；瓦赫奥梯田白葡萄酒（Damäne Wachau Terraces）。

侍酒温度：12℃

葡萄品种：绿维特利纳

6 索阿维
意大利

索阿维白葡萄酒是全世界意式餐厅的传统精选，口感清淡，不过其经典产区出产的白葡萄酒轻盈雅致，有迷人的杏仁和草本植物的风味。

推荐：爱娜玛经典索阿维白葡萄酒（Inama Soave Classico），皮耶洛朋经典索阿维白葡萄酒（Pieropan Soave Classic）。

侍酒温度：8~10℃

葡萄品种：卡尔卡耐卡（Garganega），特雷比奥罗（Trebbiano），霞多丽

欧洲经典白葡萄酒

1 夏布利
法国勃艮第

威廉费尔（William Fèvre）是夏布利地区最大也是持续时间最长的酒庄

外观：明亮清透，浅金黄色中带点儿青绿色。

浅绿色表明这款年轻的葡萄酒出自较为寒冷的地区。夏布利是法国最北部的葡萄酒产区。

香气：柠檬、绿苹果和白色花朵香气的轻柔混合，伴有微妙的燧石味，如同拨动打火机转轮的气味。

优质的夏布利白葡萄酒如窃窃私语，而不是大声疾呼，避免了在新橡木桶中陈年后烘烤和香草的气味，这些会出现在勃艮第较南边的产区和世界其他地方。

风味：特干，带有特别新鲜、几乎如酸的绿苹果和柠檬的风味。除此之外，更多的是燧石味和矿物味（想想潮湿的石头或可口的矿泉水）。

夏布利葡萄酒中著名的矿物风味一般得益于当地的化石和石灰岩。

质地：锐利如钢铁般的酸度，充满纯净清新的余味。

相当寒冷的气候（较寒冷地区或年份的葡萄会保留较多酸度）和土壤，使其酸味明显，外行人会觉得太过严厉。

"清新的霞多丽带有钢铁和矿物般的冲击力，令人振奋！"

欧洲经典白葡萄酒

2 桑塞尔
法国卢瓦尔河谷

年份在1～2年的桑塞尔白葡萄酒品质最佳

外观：鲜明的银白色中带点儿青绿色。

卢瓦尔河谷相对寒冷的气候使其在年轻时色泽较为浅淡。

香气：特有的荨麻、青草、醋栗般强烈的青味。此外还有接骨木花和新鲜柑橘的香气。

桑塞尔白葡萄酒有典型的长相思香气，但不同于更为浓烈的新西兰同类，一般更加淡雅，多了矿物味，少了热带水果的香气。

风味：与气味相同，有浓郁的醋栗、接骨木花糖浆、柠檬和白色葡萄柚的风味，还有点儿潮湿石头的矿物味。

为了保存葡萄的纯正果味，大多数桑塞尔酿酒商会使用不锈钢桶或者已经用了若干年的陈年橡木桶，以保证不会释放出新橡木桶的烘烤味。

质地：口感多汁明快，带有清爽的柑橘类酸味。

得益于长相思的天然酸度，顶级的桑塞尔白葡萄酒口感鲜明欢快，如同柠檬汁一样，与海鲜是绝配。

"鲜明的青草味，滋味丰富，有矿物味的长相思白葡萄酒。"

欧洲经典白葡萄酒

3 雷司令
德国摩泽尔

外观：水白色中带点儿银色。

极浅的色泽表明这是来自寒冷气候区的相当轻盈和年轻的葡萄酒。摩泽尔河谷是位于欧洲较北位置的葡萄酒产区。

优质雷司令白葡萄酒凉爽冷酷的风味主要得益于其地势陡峭的葡萄园中的板岩土壤，虽然这点尚未得到科学证明。

质地：雅致、轻盈，充满活力，酸味精致如夏威夷吉他的弦音。

高酸度，低酒精含量（7.5%~10%）和柔和甜度的完满平衡，这是典型的半干型摩泽尔雷司令白葡萄酒特有的质地，酿制时会在糖分全部转换成酒精前停止发酵。

香气：透着轻快的花香，还有果园水果（从杏到苹果）和酸橙的成熟香气。

雷司令白葡萄酒在年轻时充满春日的喜悦感。成年后，则呈现出类似汽油的味道。

风味：多汁的桃、杏和成熟苹果味中，伴随着酸橙汁的风味，还有些许板岩般的潮湿石头味。

"精致的果香味，微甜，充满活力。"

仙境园（Graacher Himmelreich）是摩泽尔产区著名的葡萄园

欧洲经典白葡萄酒

4 阿尔巴利诺
西班牙下海湾

塞尔塔堡（Castrocelta）是20家葡萄种植园和酿酒商的联盟

 外观：明亮的浅金黄色。

这是另一种年轻的白葡萄酒，浅淡的色泽表明酿制过程中未曾接触过橡木桶。

 香气：充满成熟的桃和杏的风味，并伴随有非常微妙的白色花果的气息。

这是一款高品质的葡萄酒，有鲜果般的香气。如果酿制工艺不熟练，则风味更像是罐装桃子的味道。

 风味：和气味一样，有种完全熟透的桃和杏的风味，并伴有微妙的咸鲜味和矿物味。

这是阿尔巴利诺葡萄的典型气息。种植这种葡萄的气候区靠近大西洋，享受着习习的海风，可以保持葡萄的酸度，以及其新鲜的矿物风味。

 质地：凉爽、新鲜，口感圆润，伴有成熟白桃的多肉感。

这种葡萄在低温下于不锈钢桶中发酵，可以保持其新鲜度。发酵结束后，酒液与失去活力的酵母细胞继续接触一段时间，可以带来圆润的口感。

"成熟新鲜的桃味的大西洋白葡萄酒。"

欧洲经典白葡萄酒

卢瓦莫酒庄（Loimer）是奥地利凯普谷（Kamptal）产区的顶级酿酒商

5 绿维特利纳
奥地利

外观：浅草黄色中带点儿青绿色和银色。

葡萄酒的色泽显示出这是一种未经橡木桶陈年的年轻的葡萄酒。

香气：非常微妙的青苹果香气，伴有杏、柑橘和蜜酿杏仁的气息。

这是绿维特利纳葡萄的典型香气，此品种的主产区在奥地利，其他地方也刚刚开始引入种植。

风味：可口的柑橘和香料风味，相当辛辣，并带点儿芹菜和白胡椒的味道。

同样也是绿维特利纳的典型风味，白胡椒味是该葡萄品种的象征。

质地：清爽、干，口感新鲜，白胡椒的辛辣感持久，有草本植物的余味。

一些绿维特利纳可以制成更为成熟和强烈的款式，为了酿出此种葡萄酒，酿酒师需要提早采摘，使葡萄中的糖分低，酸度高。

"特有的草本植物和白胡椒的风味。"

6 索阿维
意大利

外观：明亮的浅草黄色。

葡萄酒的色泽表明这也是一款年轻的未经橡木桶陈年的葡萄酒。

香气：非常微妙的青苹果香气，伴有杏、柑橘和蜜酿杏仁的气息。

索阿维葡萄酒一般是由卡尔卡耐卡和特雷比奥罗调配而成，有时还会加点儿霞多丽。不论成分如何，顶级的索阿维葡萄酒通常都有明显的杏仁味。

风味：强劲浓郁的柠檬和苹果味中，带有柔和的杏味和淡淡的蜜酿杏仁风味。

许多索阿维葡萄酒相当温和，味道清淡。不过索阿维经典产区优质果园的老树（树龄在30年以上）会出产品质更好的葡萄，酿出的葡萄酒风味更加浓郁。

质地：柔和圆润，口感新鲜清淡。

索阿维葡萄酒的质地从不强烈或浓郁，但顶级品的口感却不会过于清淡，同样得益于果园的细心呵护，种植者会避免每棵树上结满太多的果实，这意味着葡萄的糖分、矿物味和酸度都更为集中。

爱娜玛酒庄（The Inama family）提升了索阿维产区的葡萄酒品质

"优雅柔和，带有新鲜柠檬味的白葡萄酒，略带点儿杏仁味。"

选酒

通过了解欧洲经典的白葡萄酒，你正式迈出了葡萄酒之旅的第一步。现在你可以区分不同国家和产区的不同酿酒工艺，以及千变万化的风味和类型了。

1 夏布利
法国勃艮第

法国北部气候寒冷的产区可以酿制特干的霞多丽葡萄酒，以鲜明的钢铁般的酸度和燧石般的矿物味而闻名，几乎没有橡木味。

购买建议：顶级品出自标有"Premier Cru"（一级葡萄园）和"Grand Cru"（特级葡萄园）的顶级庄园，陈年时间可达20年以上。

食物搭配：牡蛎和其他贝类食物是霞多丽葡萄酒的经典搭配。

不妨一试：来自澳大利亚或新西兰的未经橡木桶陈年的霞多丽葡萄酒。或者试试如默尔索（Mersault）这样法国勃艮第较南边的产区出品的霞多丽葡萄酒，它们经过橡木桶陈年，更为浓郁，可以进行对比。

2 桑塞尔
法国卢瓦尔河谷

作为长相思葡萄的精神家园，桑塞尔可以酿制纯正鲜明、清爽怡神的葡萄酒，融合了内敛的青草味和醋栗的风味，并带有柑橘的酸度和矿物风味。

购买建议：大多数桑塞尔白葡萄酒最好趁着年轻时饮用，年份在1～3年。比埃（Bue）或者夏维诺（Chavignol）村庄出产的葡萄酒一般品质不错。

食物搭配：适合搭配海鲜和鱼，与小山羊奶酪更是绝配。

不妨一试：来自卢瓦尔河谷其他产区的长相思葡萄酒，如布衣·富美（Pouilly-Fumé）、默讷图·沙隆（Menetou-Salon）、昆西（Quincy）、鹤翼（Reuilly）和都兰（Touraine）。

3 雷司令
德国摩泽尔

这些低度半干型葡萄酒精致优雅，不会清淡乏味，它们如钢丝般爽口的酸度、优雅的花香味和果园水果的香气，使其风味独特。

购买建议：精致的半干型会在酒标上标注"Kabinett"。而注明"trocken"的则为干型，品质与半干型一样棒。

食物搭配：寿司或烤制的新鲜河鱼，如鳟鱼。清淡的田园沙拉。

不妨一试：德国其他产区的精致雷司令白葡萄酒，如那赫（Nahe）、莱茵高（Rheingau）和莱茵黑森（Rheinhessen）。

4 阿尔巴利诺
西班牙下海湾

阿尔巴利诺的种植园在西班牙北部海岸加利西亚核心地带的绿酒产区，可以酿制出桃味丰富、花香醇厚的白葡萄酒，拥有圆润、多肉且新鲜的质地。

购买建议：虽然一些阿尔巴利诺葡萄酒可以陈年，但其大多数最好趁着年轻饮用，年份在两至三年。

欧洲经典白葡萄酒

种植在法国桑塞尔产区葡萄园中的**长相思葡萄**。

食物搭配：阿尔巴利诺葡萄酒与海鲜是传统的西班牙组合，但同样适合搭配烤鸡这样简单的白肉。

不妨一试：其他加利西亚的白葡萄酒，如瓦尔奥拉斯（Valdeorras）的格德约葡萄（Godello）品种酿制的葡萄酒。或者越过国境到葡萄牙北部，那里称之为阿尔瓦里诺（Alvarinho）。

5 绿维特利纳
奥地利

这种精致、复杂但十分易饮的白葡萄酒，有野生草本植物、果园水果和白胡椒的特有风味，绿维特利纳葡萄是奥地利种植最为普遍的品种。

购买建议：尝试奥地利东部三大产区的葡萄酒：凯普谷、瓦赫奥和克雷姆斯。

食物搭配：白肉菜，如鸡肉配龙蒿酱。带有薄荷和肉桂的微辣的越南沙拉，同样适合与其草本风味相搭配。

不妨一试：绿维特利纳在奥地利以外较为少见。可以尝试奥地利、阿尔萨斯（法国）、澳大利亚和法尔兹（Pfalz）的雷司令干白葡萄酒，它们的风味和类型与之相似。

6 索阿维
意大利

这是一种口感清淡、果味柔和的干白葡萄酒，出自意大利东北部威尼托（Veneto）的索阿维产区。一般来说，索阿维葡萄酒会由当地的卡尔卡耐卡和特雷比奥罗调配而成，有时也会加入霞多丽。带有淡淡的杏仁风味。

购买建议：通过酒标寻找索阿维核心地带顶级产区葡萄园出产的葡萄酒，它们被称为索阿维经典葡萄酒（Soave Classico）。

食物搭配：意大利海鲜烩饭和意大利面。沙拉和蔬菜。

不妨一试：意大利东北部弗留利（Friuli）产区的灰皮诺葡萄酒，意大利亚德里亚海岸（Adriatic coast）的维蒂奇诺（Verdicchio）葡萄酒或者马孔（Mâcon）葡萄酒这样较为清淡的勃艮第白葡萄酒。

欧洲经典红葡萄酒

与欧洲大陆的白葡萄酒类型一样，红葡萄酒起源于欧洲，其类型也是全世界酿酒师的衡量标杆。本次品鉴课中，我们将会看到其中最为著名的六大产区。

疯狂的调配

在欧洲经典白葡萄酒之旅中（参见90~101页），我们已经发现欧洲的葡萄酒习惯标注产地而不是葡萄的品种。这同样也适用于红葡萄酒，另一个原因则是欧洲葡萄酒在酿制时会使用多个葡萄品种。波尔多作为欧洲乃至世界上公认的最为著名的葡萄酒产区，也是如此。这里的酿酒师会将长相思和梅洛按不同比例进行调配，同时也加入或多或少的品丽珠和味而多（Petit Verde）。不同的葡萄会赋予最终的葡萄酒以不同的风味和质感，即使是精确调配也会随着酿酒师的不同而出现变化。

这种情况同样也出现在著名的教皇新堡产区（Châteauneuf-du-Pape appellation），它位于法国南部罗讷河谷的亚维农地区附近，有些葡萄酒加入了18种葡萄。同样的，葡萄牙杜罗河谷的优质红葡萄酒中则允许加入多达100种葡萄。

单种之王

欧洲其他一些产区则以单品种葡萄酒而闻名。蒙达奇诺·布鲁奈罗（Brunello di Montalcion）和高贵蒙特普齐亚诺（Vino Nobile Montepulciano）产区，位于意大利托斯卡纳的基安蒂地区，这里是桑娇维塞的乐土，不过通常也会加入少量其他葡萄进行调配。丹魄是西班牙里奥哈和杜埃罗河岸的王者，一般也会与一种以上的其他葡萄进行调配。同样的，法国勃艮第是纯正黑皮诺的代名词；巴罗洛（Barolo）和巴巴莱斯科（Barberesco）产区，位于意大利北部的皮埃蒙特（Piedmont），这里充满了内比奥罗的身影。欧洲顶级的经典红葡萄酒都有鲜明的地域性，它是土壤情况、地域文化、气候条件和葡萄品种（或多个品种）融合后的产物，形成了独一无二的地域特色。

桑娇维塞是**托斯卡纳**最主要的葡萄品种，在该产区到处都有种植。

品鉴环节

1 勃艮第 法国

勃艮第红葡萄酒采用风格善变的薄皮黑皮诺葡萄酿制而成，芳香微妙，丝滑优雅。

推荐：勃艮第约瑟夫杜鲁安拉佛瑞红葡萄酒（Joseph Drouhin Laforêt Bourgogne Rouge），勃艮第上夜丘法维莱酒庄胡格特夫人红葡萄酒（Domaine Faiveley Bourgogne Hautes-Côtes de Nuits Dames Hugettess）。

侍酒温度：13~16℃
葡萄品种：黑皮诺

博内（Beaune） 法国 ·巴黎 第戎

2 波尔多 法国

这是波尔多历史悠久的著名红葡萄酒，通常主要采用长相思或梅洛调配而成，质地坚实优雅。

推荐：奥姆斯佩斯酒庄（Château Ormes de Pez）或者忘忧城酒庄（L'Ermitage de Chasse-Spleen），是两所物美价廉的酒庄。

侍酒温度：16~18℃
葡萄品种：梅洛、赤霞珠、品丽珠、味而多

圣爱斯泰夫（Saint-Estephe） 法国 ·巴黎 ·波尔多

3 罗讷河谷 法国

法国罗讷河谷出产香料味浓郁、口感温热的红葡萄酒，质地柔顺，带有辛辣的胡椒味。

推荐：罗讷河谷加纳斯酒庄（Domaine de la Janasse Côtes du Rhône），圣戈斯酒庄吉恭达斯红葡萄酒（Château Sainte-Cosme Gigondas），教皇新堡产区拿勒酒庄（Château La Nerthe Châteauneuf-du-Pape）。

侍酒温度：16~18℃
葡萄品种：西拉、歌海娜、慕维得尔、佳丽酿、神索

法国 ·巴黎 里昂 昂皮村（Ampuis）

欧洲经典红葡萄酒

4 基安蒂
意大利

基安蒂的调配红葡萄酒主要以托斯卡纳的桑娇维塞葡萄为主,欢快活泼,酒体中等,带有红樱桃、李子和草本植物的风味。

推荐: 基安蒂沃尔帕伊亚酒庄(Castello di Volpaia Chianti Classico)、基安蒂福地酒庄(Fontodi Chianti Classico)。

侍酒温度:16~18℃

葡萄品种:桑娇维塞、卡纳逑罗(Caniolo)、科罗里诺(Colorino)、赤霞珠、梅洛

5 巴罗洛
意大利

巴罗洛风格强烈的红葡萄酒采用内比奥罗葡萄酿制而成,在年轻时,口感粗糙,单宁味重,但陈年后更显优雅,带有李子、玫瑰、焦油和甘草的气息。

推荐: 暮光酒庄(GD Vajra)、孔特诺酒庄(Giacomo Conterno)和布鲁诺·贾科萨酒庄(Bruno Giacosa)出品的葡萄酒。

侍酒温度:16~18℃

葡萄品种:内比奥罗

6 里奥哈
西班牙

里奥哈红葡萄酒柔和、顺滑、温热,在美国的橡木桶中长期陈年后,带有鲜明的椰子和香草的风味。

推荐: 里奥哈喜悦酒庄珍藏级葡萄酒(CVNE Rioja Reserva)或者里奥哈穆加酒庄珍藏级葡萄酒(Muga Rioja Reserva)。

侍酒温度:16~18℃

葡萄品种:丹魄、卡尔卡耐卡、格拉西亚诺(Graciano)、马士罗(Mazuelo)

欧洲经典红葡萄酒

1 勃艮第
法国

 外观： 浅淡但鲜明的宝石红色中带点儿紫色。

黑皮诺果皮薄，特别是种植在像法国北部勃艮第这样的寒冷气候区中，与果皮厚的葡萄相比，所酿的葡萄酒色泽更为浅淡。

 风味： 更多的是多汁的红色水果的微妙风味，有时也有几近于番茄的风味，有时则多点儿深色的浆果味。湿草味，野生菌菇的风味。

在许多勃艮第村庄和产区之间，葡萄的浓郁度和风味特色千差万别。顶级品上会标有"Grand Cru"（特级葡萄园）或者"Premier Cru"（一级葡萄园）。

 香气： 气味精致优雅。有樱桃、覆盆子这样红色水果的气息，还带点儿花香味。

黑皮诺葡萄对种植地十分敏感，勃艮第地区的情况尤为明显，即使是比肩相邻的两棵葡萄树，所结果实的香气和风味也可能相去甚远。

 质地： 酒体轻盈至中等，带有丝滑柔顺的质地。新鲜度持久。

柔和但成熟的单宁与良好的酸味完美平衡，使这款葡萄酒口感丝滑，新鲜清新。年份对于勃艮第意义重大，在天气糟糕（寒冷、潮湿）的年份中，当地的葡萄酒都有一种酸涩感。

酿酒商的名字是选择勃艮第葡萄酒的最佳指引

"采用黑皮诺酿制而成的优雅红葡萄酒。"

标有"Bourgogne"（勃艮第）的葡萄酒采用该产区的葡萄酿制而成

欧洲经典红葡萄酒

2 波尔多
法国

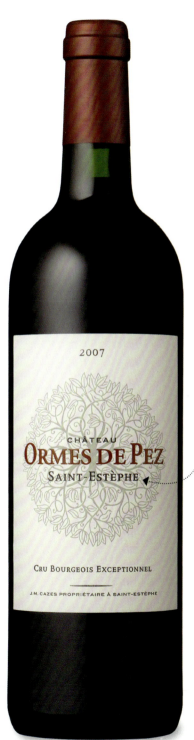

波尔多产区有许多子产区，如圣爱斯泰夫产区（St-Estèphe）

 外观： 年轻时呈深紫色，陈年后，褪至红宝石色和石榴色。

"深红色"常用来代称波尔多红葡萄酒，它来源于法语中的"clairet"一词，曾用来描述葡萄酒覆盆子般的红色。

 香气： 黑醋栗味、杉木味和铅笔芯味。陈年后有烟草和皮革的气味。

调配时不同葡萄品种之间的平衡，使其香气和风味变化多端。赤霞珠多，则黑醋栗味重；梅洛多，则有多肉的李子味。

 风味： 以新鲜的红色和黑色水果味为主，逐渐转向烟草、杉木、巧克力和皮革的复合风味，陈年后尤为明显。

顶级的波尔多红葡萄酒具有很好的陈年潜力，之前鲜明的黑色水果味会转变为第二种风味（上面提到的更棒的风味）。

 质地： 年轻时，口感粗糙收敛。陈年后，则温柔和谐，酒精度数适中，余味持久不散。

顶级的波尔多葡萄酒需要陈年数十年，以使口感温柔协调。

"口感和谐的红葡萄酒陈年后更加圆润优雅。"

欧洲经典红葡萄酒

3 罗讷河谷
法国

 外观: 从鲜明的深宝石红色到深黑樱桃色都有。

调配会影响葡萄酒的色泽。歌海娜果皮相当薄,葡萄酒色泽较浅;西拉和慕维得尔果皮厚,所以色泽比较深。

 香气: 相当浓厚柔和的成熟红色和黑色水果味,黑胡椒味,如迷迭香和百里香一样的野生草本植物味。

黑胡椒味和黑色水果味是西拉的典型香气,而成熟的红色水果味常见于歌海娜中。草本味是该产区的特色。

 风味: 与气味相同,可能还带点儿肉和皮革的美味。

罗讷河谷有两大不同的产区,在南部,红葡萄酒通常由不同葡萄调配而成,带有柔和的红色水果味。而在北部,由西拉酿制而成的葡萄酒,带有明显的黑莓、黑胡椒和焦油的风味。

 质地: 酒体中等到饱满,馥郁。口感柔和、圆润、温热,带点儿迷人的感觉。

罗讷河谷红葡萄酒的质地取决于所采用的葡萄品种。与南部的西拉葡萄酒相比,北部的调配酒通常酒精度数更高。

标有"Côtes du Rhône"(罗讷河谷)的葡萄酒可以使用种植在罗讷河谷产区的葡萄

欧洲经典红葡萄酒

4 基安蒂 意大利

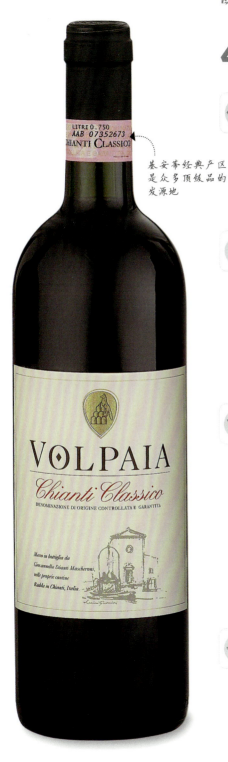

基安蒂经典产区是众多顶级品的发源地

外观： 宝石红色，陈年后会有点儿石榴色。

桑娇维塞葡萄酿制的葡萄酒发展至今，酒精度越来越低。酿酒师曾经用白葡萄进行调配，这种工艺现在已经不常用了。

香气： 气味隐约微妙，而非浓烈强劲。有红樱桃的气息，新鲜干燥的牛至、丁香和皮革味。

这是桑娇维塞的典型香气。一些现代基安蒂葡萄酒也有如黑醋栗一样色泽较深的果香味，这是调配时加入一些风味浓烈的长相思的结果。

风味： 与气味相同。风味轻快浓烈，带点儿血橙的苦味，不过依然爽口。

顶级基安蒂葡萄酒主要来自西耶那（Siena）和佛罗伦萨（Florence）之间的葡萄园，这里被官方认定为基安蒂经典产区（Chianti Classico），以及佛罗伦萨东部的基安蒂鲁菲纳产区（Chianti Rufina），这里的葡萄酒风味浓烈，平衡感和集中度好。

质地： 非常干，稍带收敛感，酒体中等。

桑娇维塞葡萄的天然单宁和酸度高，酿制的葡萄酒稍带收敛感。

109

欧洲经典红葡萄酒

5 巴罗洛
意大利

封条上标有巴罗洛产区，它与相连的巴巴莱斯科（Barbaresco）产区一起，出产世界顶级的内比奥罗葡萄酒

 外观： 浅红宝石色，带点儿砖红色。

内比奥罗葡萄色泽不深。所酿的葡萄酒在上市前需要在桶中和瓶中陈酿相当长一段时间，至少3年，其中的2年应在桶中，色泽带有较多的砖红色。

 香气： 起初气味浅薄，陈年后，气味鲜明，有玫瑰、焦油、甘草和松露的气息，同样也有覆盆子、李子和樱桃的香气。

内比奥罗葡萄得名于"浓雾"的意大利语"nebbia"，当晚熟的内比奥罗即将采摘时，秋日的皮埃蒙特山（Piedmontese hills）漫山遍野都是这种葡萄。

 风味： 成熟的巴罗洛葡萄酒优雅，玫瑰和松露的味道微妙、精致，让人难以捉摸。

巴罗洛种植的内比奥罗葡萄风味浓烈（酒精度数、单宁和酸度高），但雅致（微妙的花香和怡人的风味）。

 质地： 有收敛感，酸度和单宁非常高。

粗糙的果皮，富含单宁和多酚，形成了内比奥罗葡萄酒的独特风格。一些现代酿酒师开始使用体积较小的新橡木桶，经过较短的发酵时间，从而使单宁更加柔和，但巴罗洛仍以内比奥罗葡萄的高单宁和酸味而闻名。

6 里奥哈
西班牙

 外观： 深石榴色，随着陈年，褪至红宝石色和棕红色。

里奥哈葡萄酒在上市前会于橡木桶和酒瓶中长期陈年。桶中时间越长，色泽越接近棕红色或砖红色。

 风味： 香气之后，是如皮革、烟草和干果（如无花果）的更加复杂怡人的风味，陈年后尤为突出。

通过酒标你可以很好地了解里奥哈葡萄酒的类型。如果标有"Jovén"或"young"（年轻），则充满新鲜的黑色水果味，几乎未经橡木桶陈酿。而如有"Crianza"（佳酿）、"Reserva"（珍藏）、"Gran Reserva"（特级）这些官方标识，则它们在桶中和瓶中的陈酿时间更长，风味也会从明显的新鲜果味变得更加爽口。

 香气： 草莓、椰子、香草、李子、烟草和皮革的香气。

这些气味大多是里奥哈葡萄酒长期陈年的结果，一般采用美国白橡木桶，可以释放较甜的像椰子和香草的风味。

 质地： 柔和，圆润，顺滑，持久。

陈年后，在氧气的作用下，通常会柔化单宁和酸度。一般来说，因为里奥哈"佳酿""珍藏""特级"葡萄酒比大多数红葡萄酒上市时间要晚很多，所以口感更加柔和圆润。

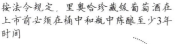

按法令规定，里奥哈珍藏级葡萄酒在上市前必须在桶中和瓶中陈酿至少3年时间

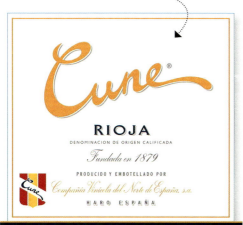

"来自西班牙西北部的顺滑圆润的红葡萄酒，深受橡木影响。"

选酒

欧洲经典红葡萄酒经过了数百年的发展,通常与本地美食紧密搭配。近几年,随着新世界葡萄酒的崛起,给传统酿酒工艺带来了一定的挑战,但欧洲葡萄酒依然通过地方酒令严格约束酿酒工艺和葡萄品种,以此来保护它们的传统。

一杯优质的**欧洲经典红葡萄酒**凝结了数百年的酿酒传统。

1 勃艮第
法国

勃艮第地区众多不同的产区采用黑皮诺葡萄酿制这种优雅、丝滑、复杂的红葡萄酒。

购买建议:酒瓶上标有如此之多的不同的村庄名和酒庄名,所以买一瓶勃艮第葡萄酒有点像是碰运气,并且价格不菲。找一个你信任的酒商来帮你挑选,如果想要价格较低的类型,可以尝试像勃艮第鲁日(Bourgogne Rouge)、上夜丘(Haute-Côtes de Nuit)或者博纳丘(Côtes de Beaune)这样的子产区。

食物搭配:较馥郁型适合搭配鸭肉和野味,较清淡型则与三文鱼和其他多肉型鱼是绝配。

不妨一试:来自卢瓦尔河谷桑塞尔产区、德国(当地称黑皮诺为Spätburgunder)或者美国太平洋西北部俄勒冈州的黑皮诺葡萄酒。

2 波尔多
法国

波尔多中度红葡萄酒主要由赤霞珠或者梅洛经过调配而成,融合了黑醋栗和铅笔芯的风味,带有突出的单宁感和酸度,陈年后会明显柔化。在法国以外,这些波尔多红葡萄酒(偶尔也有一些波尔多式红葡萄酒)也被广泛称之为"clarets"。

购买建议:顶级品出自一等酒庄(first growths),价格昂贵。等级较低,则价格更容易接受,如中级酒庄(Cru Bourgeois),或者名声

欧洲经典红葡萄酒

稍弱的产区,如酒标上标注的卡斯蒂永丘(Côtes de Castillon)或者宝迪丘(Côtes de Bourg)。

食物搭配:大多数波尔多红葡萄酒非常适宜与烤制的红肉搭配,如羔羊或牛肉。

不妨一试:可以对比下美国加利福尼亚州、澳大利亚、智利或相邻的贝尔热拉克(Bergerac)用相同葡萄品种酿制而成的葡萄酒。

3 罗讷河谷
法国

法国东南部的罗讷河谷出产两种截然不同的葡萄酒类型。南部以西拉和歌海娜为主进行调配,温热丰厚;北部100%采用西拉酿制,辛辣强烈。

购买建议:罗讷河谷产区性价比高;想要更为复杂的款式,可以尝试教皇新堡产区、吉恭达斯(Gigondas),南部的凯安娜(Cairanne)或者拉斯多(Rasteau),或者北部的罗蒂谷(Côte-Rôtie)、克罗兹·埃米塔日(Crozes-Hermitage)或者科尔纳斯(Cornas)。

食物搭配:尝试搭配重口味的焙盘菜或者经过香草烤制的红肉。

不妨一试:西班牙的普里奥托拉(Priorat)、法国的朗格多克(Languedoc)、澳大利亚的巴罗萨谷(Barossa Valley)和加利福尼亚州的以西拉和(或)歌海娜为基础的葡萄酒。

4 基安蒂
意大利

托斯卡纳核心区出产的这些酒体中等、容易搭配食物的红葡萄酒,有樱桃和草本植物的风味,带点儿辛辣味和清爽的收敛感。

购买建议:顶级品出自基安蒂经典产区(Chianti Classico)和基安蒂鲁菲纳(Chianti Rufina)产区。

食物搭配:肉酱或者番茄肉酱意面,托斯卡纳T骨牛排。

不妨一试:其他采用桑娇维塞的托斯卡纳葡萄酒,如蒙特普齐亚诺贵族(Vino Nobile di Montepulciano)或者布鲁奈罗·蒙塔奇诺(Brunello di Montalcino)。

5 巴罗洛
意大利

巴罗洛葡萄酒采用皮埃蒙特山(hills of Piedmont)的内比奥罗葡萄酿制而成,年轻时粗糙收敛,但有陈年潜力,之后呈现出焦油、李子、樱桃、玫瑰和松露的复合风味。

购买建议:许多巴罗洛葡萄酒可以品尝的机会较少,有句谚语说,收成后需等待10年,然后用15年饮用完。

食物搭配:搭配当地美食,如配有野生菌菇的意大利烩饭或意大利面。

不妨一试:相邻的巴巴莱斯科产区的内比奥罗葡萄酒,或者意大利南部巴西利卡塔(Basilicata)和坎帕尼亚(Campania)的艾格尼科葡萄酒。

6 里奥哈
西班牙

西班牙北部产区采用同名的丹魄葡萄酿制的葡萄酒柔和圆润,传统的里奥哈葡萄酒以淡淡的椰子味和香草味为特色。一些现代里奥哈葡萄酒更加浓郁,带有较深色水果的风味。

购买建议:传统型会标有"Gran Reserva"(特级珍藏),而较为新式的通常仅标注"Rioja"(里奥哈)。

食物搭配:烤制猪肉或羔羊肉,硬奶酪。

不妨一试:在相邻的杜埃罗河岸(Ribera del Duero)和托罗(Toro)产区寻找强烈型的丹魄葡萄酒。

113

新世界经典白葡萄酒

虽然欧洲依然固守着他们的传统,但澳大利亚、美洲和南非这些被称之为新世界国家和地区的酿酒商已经大步追赶上来,发展出它们特有的现代经典葡萄酒来。

新西兰马尔堡(Marlborough)产区的葡萄园。

20世纪末,新世界酿酒商在全世界范围内开始爆发。他们以在葡萄品种(种植他们中意的品种,并在他们喜欢的地方种植)和酿酒工艺上的不断尝试而闻名,所以在技术性、科学性和卫生性上更胜一筹,并形成了"新世界风格",表现为:单品种酿制,温暖气候区种植,带有鲜明醒目且浓郁成熟的水果风味。许多欧洲的酿酒商开始使用新世界的酿酒工艺,而许多来自新世界的酿酒商则向欧洲同行学习,希望让自己的葡萄酒更加微妙,富有技巧性,充满区域性。即使如此,顶级的新世界葡萄酒仍然以丰厚的果香味为特色,并赢得了全世界酒客的芳心。

侍酒温度:10~12℃

葡萄品种:霞多丽

美国加利福尼亚州

温莎(Windsor)
旧金山
洛杉矶

1 霞多丽
美国加利福尼亚州

加利福尼亚州是美国北部最大的葡萄酒生产州,其风味浓厚的葡萄酒以充满阳光的成熟果味和浓郁的质地而闻名。

推荐:索诺玛卡特雷酒庄索诺玛海岸霞多丽白葡萄酒(Sonoma Cutrer, Sonoma Coast Chardonnay);蒙多西诺县博泰乐酒庄霞多丽白葡萄酒(Bonterra Vineyards Chardonnay, Mendocino County)。

新世界经典白葡萄酒

品鉴环节

2 长相思
新西兰

虽然新西兰从20世纪70年代起才开始种植长相思葡萄，但已经成为果味鲜明扑鼻的葡萄酒的代名词。

推荐：布兰德河长相思白葡萄酒（Blind River Sauvignon Blanc）；新玛利珍匣长相思白葡萄酒（Villa Maria Private Bin Sauvignon Blanc）。

侍酒温度：10~12℃

葡萄品种：长相思

新西兰南岛 / 布兰尼姆（Blenheim）/ 惠灵顿（Wellington）/ 基督城（Christchurch）

澳大利亚南部 / 奥本（Auburn）/ 阿德莱德 / 堪培拉

侍酒温度：10~12℃

葡萄品种：雷司令

3 雷司令
澳大利亚南部

霞多丽可能是澳大利亚最为知名的葡萄酒，但在其南部的克莱尔谷（Clare Velleys）和伊顿谷（Eden Velleys），却有一款独一无二的清爽酸橙味的干型雷司令葡萄酒。

推荐：格罗斯春之谷雷司令白葡萄酒（Grosset Springvale Riesling）；蒂姆·亚当雷司令白葡萄酒（Tim Adams）；克莱尔谷雷司令白葡萄酒（Clare Valley Riesling）。

4 白诗南
南非

南非当地通常称白诗南为"Steen"，这是南非种植最为广泛的葡萄品种，酿造的葡萄酒类型风格多样，从清爽干型到馥郁饱满型都有。

推荐：希德堡酒庄白诗南白葡萄酒（Cederberg Chenin Blanc）；贝林翰传统白诗南白葡萄酒（Bellingham Old Vine Series Chenin Blanc）。

侍酒温度：10~12℃

葡萄品种：白诗南

约翰内斯堡 / 克兰威廉（Clanwilliam）/ 开普敦 / 南非

新世界经典白葡萄酒

1 霞多丽
美国加利福尼亚州

外观： 鲜明的金黄色。

加利福尼亚州酿制的霞多丽白葡萄酒风味浓郁，采用熟透的葡萄，并在新橡木桶中陈酿，使其呈现出金黄色。

香气： 菠萝、甜瓜和香蕉这样丰厚成熟的热带水果味。

加利福尼亚州许多不同的产区，在气候和土壤条件方面有微妙的差异。一般来说，离海岸越近，在太平洋翻涌而来的晨雾作用下，气温越低，所酿的葡萄酒也更为新鲜。

风味： 丰富的浓厚成熟的热带水果风味，带点儿黄油、烤面包和香草的气息。

加利福尼亚州的霞多丽白葡萄酒通常在桶中发酵，并进行搅桶（bâtonnage，搅动桶中的酒液，使其与失去活力的酵母细胞保持接触）。这种工艺酿出的葡萄酒带有黄油和烤面包的风味。

质地： 酒体饱满，几近于浓稠。

加利福尼亚州的霞多丽白葡萄酒通常酒体成熟饱满，但近几年，因为找到了温度较低的气候区，并在酿酒时减少接触（酒液与失去活力的酵母细胞），所以顶级品变得更为淡雅。

许多加利福尼亚州的霞多丽白葡萄酒来自于索诺玛（Sonoma）产区

> "浓郁欢快，如同加利福尼亚州金色的太阳。"

新世界经典白葡萄酒

布兰德河（Blind River）出产的葡萄酒瓶上有"Maori-style"（毛利人风格）的标识——鳝鱼

2 长相思
新西兰

外观： 鲜明的浅草黄色中带点儿青绿色。

这是长相思的典型色泽，需在不锈钢桶中酿制，而不是橡木桶。

香气： 接骨木花、鹅莓、百香果和芒果混合的生动辛辣味，并带点儿青草味。

大多数新西兰长相思葡萄酒出自南岛的马尔堡产区。与法国的桑塞尔（参见95页）相比，这里的气候略显暖和，日照更为强烈，所以酿制出的葡萄酒会稍带点儿热带水果味。

风味： 更多的是扑鼻的热带水果味和青味，透着柠檬和酸橙的新鲜感。干。

新西兰的酿酒商通常喜欢将成熟度不同的葡萄进行调配。有些葡萄采摘较早，带有更多的柑橘味和青味，酸度也更高；其他葡萄因为晚摘，所以糖分含量高，热带水果的风味更浓厚。

质地： 活泼清新，酒体中等。

马尔堡产区生长期长，但气候经过海边习凉风的调节，可以保持葡萄的酸度，因此可以酿出新鲜感佳的葡萄酒。

3 雷司令
澳大利亚南部

外观： 浅黄色中带点儿银色和青绿色。

雷司令葡萄酒陈年后，更加浓郁，色泽倾向于金黄色。

香气： 浓郁的酸橙味中带点儿桃味和菠萝味。

澳大利亚最好的雷司令葡萄酒出自南部阿德莱德产区北边的克莱尔谷，与雷司令的故乡德国较为寒冷的地区相比，这里的大陆性气候（昼暖夜冷）使葡萄酒更加浓烈。

风味： 更多的是酸橙味，此外在陈年后还有烘烤味。

克莱尔谷的雷司令葡萄酒通常不经橡木桶陈酿，而在不锈钢桶中通过低温发酵保存清爽精致的风味。这里的酿酒商是最早用螺旋帽取代橡木塞的先行者，因为他们相信螺旋帽更能保留住葡萄酒的新鲜感。

质地： 非常清淡优雅，特别浓烈的酸度令人垂涎。

雷司令葡萄天然酸度高，但其酿出的葡萄酒的质地却会随着谷内种植地点的不同而变化。南部沃特维尔（Watervale）周边地区的石灰岩土壤使葡萄酒带有更多丰富多汁的酸橙味。波利山（Polish Hill）的页岩土壤更为贫瘠，带有更多的矿物（潮湿的石头）味。高酸度，有着类似防腐剂的作用，可以使这些葡萄酒保存非常久（20年以上），并在成熟后呈现出烘烤、香菜籽和汽油般的香气。

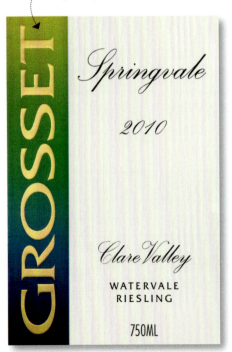

克莱尔谷产区的杰弗里·格罗斯酒庄（Jeffrey Grosset）擅长雷司令葡萄酒的酿制

> "精致的酸橙味雷司令干白葡萄酒，散发着迷人的气息。"

新世界经典白葡萄酒

4 白诗南
南非

外观： 浅草黄色到金黄色。

南非白诗南葡萄酒风格多样，清爽轻盈型色泽较浅，未经橡木桶陈酿；如果色泽多是金黄色，则可能是在法国小橡木桶中陈酿的。

香气： 温柏、甘草、烤苹果或者苹果派和蜂蜜的香气。

白诗南葡萄的典型香气，在南非的斯特兰德（Stellenbosch）、黑地（Swartland）和帕尔（Paarl）产区表现尤佳。

风味： 风味浓郁，并有淡淡的蜂蜜味，伴有烤干草和烤苹果的风味。

南非顶级的白诗南葡萄酒出自老牌庄园（有50年以上的历史），每棵葡萄树上的果实较少，所以果香味更为集中，层次感好。

质地： 酒体饱满，干，几乎如蜡质一般。

和霞多丽葡萄酒一样，白诗南葡萄酒非常适合进行橡木桶的精心陈酿和酒泥搅动（参见116页）。多数最为浓厚的南非白诗南葡萄酒在榨汁后，也会继续与果皮接触较长时间，所以口感更为浓郁。

"浓郁的，有温柏和苹果风味以及蜂蜜味的干白葡萄酒。"

119

新世界经典白葡萄酒

选酒

新世界的经典白葡萄酒虽然在初期向它们的欧洲前辈们邯郸学步了一阵，但经过多年的发展，已经用它们自己的方式，形成了其鲜明的风格，打上了其特有的烙印。随着酿酒商探索出适合不同葡萄品种的最佳产区，新世界葡萄酒一直在锐意进取。

一两杯冰凉的白葡萄酒是炎炎夏日的不二之选。

1 霞多丽
美国加利福尼亚州

这里的霞多丽白葡萄酒充满浓郁的热带水果味，质地圆润、浓厚，几近于黏稠，风味浓烈，充满迷人的丰富阳光感。

购买建议：尽量避免余味不足。许多加利福尼亚州大容量的葡萄酒品牌太过甜蜜和简朴，缺少新鲜感。

食物搭配：口味浓郁，适合搭配猪肉或者黄油烤鸡。

不妨一试：来自澳大利亚、智利和美国华盛顿州的馥郁型霞多丽干白葡萄酒；加利福尼亚州的维欧尼葡萄酒。

2 长相思
新西兰

新西兰长相思葡萄酒芳香醇厚，翠绿，充满西番莲果、醋栗和热带水果的风味，同样清爽纯净，带有柑橘的酸度。

购买建议：这款酒年轻时充满扑鼻的鲜活香气，最好趁此时饮用，年份在一两年以内。

食物搭配：适合搭配海鲜和鱼，突出的果香味也与微辣的亚洲美食相得益彰。

不妨一试：对比来自法国卢瓦尔河谷或者南非的长相思葡萄酒。

新世界经典白葡萄酒

3 雷司令
澳大利亚南部

澳大利亚雷司令葡萄酒滋味万千,充满新鲜的酸橙汁气息,未经橡木桶陈酿,干,风味纯正,并且非常新鲜。陈年后,味蕾经过高酸度的刺激,会呈现出烘烤的香气。

购买建议: 尝试来自澳大利亚南部克莱尔谷或相邻的伊顿谷出产的葡萄酒。

食物搭配: 试着搭配贝类食物或者夏日田园沙拉。

不妨一试: 对比来自阿尔萨斯或者德国法尔兹(Pflaz)产区的雷司令葡萄酒;尝试来自新南威尔士州猎人谷的塞米雍葡萄酒,这是另一种澳大利亚特有的款式,有陈年潜力。

4 白诗南
南非

白诗南是南非最主要的葡萄品种,具有悠久的历史,可以酿制从清爽型干白到馥郁型甜味的多种葡萄酒类型。

购买建议: 南非的白诗南葡萄酒通常有不错的性价比。通过酒瓶背面的标签作为类型选择的导引,较为馥郁的款式通常会在桶中陈酿或发酵。

食物搭配: 较馥郁型适合搭配黄油烤制的鸡肉和猪肉,较轻盈清爽型更适合搭配鱼。

不妨一试: 对比开普敦与加利福尼亚州或法国的白诗南葡萄酒是件非常有趣的事儿。不妨再试试来自澳大利亚和美国加利福尼亚州的玛珊(Marsanne)和瑚珊(Roussanne)葡萄酒。

种植者们必须掌握葡萄采摘的时机,以便酿制出最棒的葡萄酒。

新世界经典红葡萄酒

正如白葡萄酒一样，来自新世界的酿酒商们采用欧洲经典的葡萄品种，发展出更为新颖大胆的类型。当你品鉴这些美酒时，可以留意它更为强烈的果香味。

南非的斯特兰德（Stellenbosch）葡萄种植及酿酒产区。

虽然新世界开始酿制葡萄酒已有数百年的历史，但直到20世纪70年代，美国才成为第一个登上世界舞台的国家，加利福尼亚州纳帕谷特有的强烈型赤霞珠葡萄酒现在已经被公认为世界顶尖的红葡萄酒。20世纪80年代，澳大利亚以西拉［当地称之为西拉子（Shiraz）］酿制的更加浓郁稠密的红葡萄酒脱颖而出。20世纪90年代，新西兰同样也以长相思白葡萄酒和果香型黑皮诺葡萄酒大获成功。阿根廷在20世纪90年代经过了品质改进，已经成为马尔贝克葡萄酒的代名词。这些国家也生产其他类型的葡萄酒，智利和南非也是如此，不过这里品鉴的葡萄酒都是用来证明新世界如何改进它的欧洲同类的。

侍酒温度：16~18℃

葡萄品种：赤霞珠

1 赤霞珠
美国加利福尼亚州

这个来自波尔多的葡萄品种在美国加利福尼亚州全境都有种植，但旧金山北部的纳帕谷品质最佳，可以酿制出质地强烈浓郁的红葡萄酒。

推荐：蒙达菲酒庄赤霞珠珍藏级葡萄酒（Robert Mondavi Cabernet Sauvignon Reserve）；纳帕谷第一媒体赤霞珠葡萄酒（First Press Napa Valley Cabernet Sauvignon）。

新世界经典红葡萄酒

2 西拉子
澳大利亚南部

这种葡萄在澳大利亚广泛种植,其中南部非常温暖的巴罗萨谷(Barossa Valley)和麦嘉伦谷(Mclaren Vale)可以酿制出强烈浓稠的葡萄酒,带有黑色水果的甜香味。

推荐:巴罗萨双掌狂野汉子西拉子葡萄酒(Two Hands Gnarly Dudes Shiraz);雷内拉篮子压西拉子葡萄酒(Château Reynella Basket Pressed Shiraz)。

侍酒温度:16~18℃

葡萄品种:西拉子

澳大利亚南部

3 黑皮诺
新西兰

新西兰是勃艮第以外极少数可以成功利用黑皮诺葡萄进行酿酒的地区之一,所酿葡萄酒多汁顺滑,富有果香味。

推荐:困难山呼啸梅格黑皮诺葡萄酒(Mt Difficulty Roaring Meg Pinot Noir);马尔堡池屯黑皮诺葡萄酒(Churton Pinot Noir)。

侍酒温度:14~16℃

葡萄品种:黑皮诺

4 马尔贝克
阿根廷

门多萨(Mendoza)省境内的安第斯山脉是来自波尔多的马尔贝克葡萄的理想种植地,可以酿制出芳香醇厚并多肉的葡萄酒,骨架坚实。

推荐:霍米伽尔贝克葡萄酒(Altos Las Hormingas Malbec);菲丽马尔贝克红葡萄酒(Achaval Ferrer Malbec);卡氏家族马尔贝克红葡萄酒(Catena Zapata Malbec)。

侍酒温度:16~18℃

葡萄品种:马尔贝克

新世界经典红葡萄酒

1 赤霞珠
美国加利福尼亚州

外观： 极深的紫红色。

这种色泽是种植在加利福尼亚州温暖气候区的厚皮赤霞珠葡萄熟透后的标志。

风味： 更多的是集中的黑色水果味，带有复杂美味的黑橄榄气息。年轻时，有香草、咖啡和烘烤的风味；陈年后，增添了皮革和香烟盒的味道。

香草味和咖啡味是酿酒时采用法国新橡木桶的标志。许多加利福尼亚州葡萄酒曾经充斥着这些气味，但酿酒商们已经学会更加灵活地运用它们，使其表现更为和谐，而没有违和感。

香气： 黑色水果（黑加仑和黑莓）、咖啡和香草的醇厚芳香。

加利福尼亚州温暖干燥的漫长夏季和明亮的日照，非常适合种植晚熟的赤霞珠葡萄，使其带有浓郁的果香味。

质地： 浓郁，酒体饱满，但十分柔和。

赤霞珠葡萄的单宁天然含量高，但加利福尼亚州的种植条件可以使其完全熟透，口感异常顺滑。

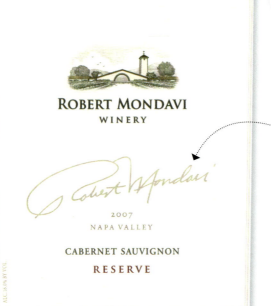

已故的罗伯特·蒙大维（Robert Mondavi）先生，是这家酿酒商的创立者，也是加利福尼亚州高品质葡萄酒的先驱

"通过丰满的质地来强化赤霞珠葡萄酒。"

新世界经典红葡萄酒

2 西拉子
澳大利亚南部

 外观： 深黑紫色，几乎漆黑。

黑色、厚皮的西拉子葡萄含有丰富的天然色素。许多顶级的澳洲葡萄酒出自产量低（每棵树结的果实非常少）的老树，果肉较小，果皮出汁率更高，色泽也更为深沉。

 香气： 黑色水果和蓝莓味，隐约透出如西梅干一样的干果味。薄荷味，桉树味。

澳大利亚的经典产区巴罗萨谷和麦嘉伦谷属于世界上气候最为暖和的地方。酿酒师们会在葡萄出现烘焙味前进行采摘，否则会充满干果味。

 风味： 非常浓烈的果香味，几乎像浓缩果汁或者果酱。巧克力味中带点儿烟熏味。

澳大利亚典型的西拉子葡萄酒差异很大，其中一些太过强烈，充满果酱味，而缺少精巧感，其他则以显著集中的风味而让人称奇。和所有葡萄酒一样，个人喜好才是最终的评判标准。

 质地： 黏稠、浓烈，酒体非常饱满，单宁柔和。

澳大利亚的西拉子葡萄在风味成熟时会堆积大量糖分，所酿葡萄酒的酒精度数非常高，通常会超过15%，有时甚至高达17.5%。质地的感受同样千差万别，并由个人的口味和心情来决定。

澳大利亚拥有一些世界上最为古老的西拉子葡萄园

"厚实集中，并且带有强烈的果香味。"

125

新世界经典红葡萄酒

3 黑皮诺
新西兰

 外观： 鲜明的浅红宝石色。

如我们在85页和106页所看到的一样，薄皮的黑皮诺与其他品种相比，具有较浅的天然颜色。酿酒时需要稍微让果皮和果汁进行接触，以呈现出雅致的风味和色泽。

 风味： 纯正迷人的果香味，鲜明清新。

气候在这里同样重要，充足的日照使风味成熟，海岸边的习习凉风则可以保留其酸度和新鲜度。与勃艮第相比，新西兰的黑皮诺泥土味和矿物味很淡，这是因为新西兰大部分的黑皮诺葡萄树都很年轻，缺少了老树的复杂风味。

 香气： 鲜明的红色浆果、覆盆子、佛手柑和草莓的香气。

南半球的新西兰臭氧层很稀薄，虽然气候寒冷，但却有强烈的日照，所以当地的黑皮诺在典型的香气基础上果味更重。

 质地： 非常丝滑，轻盈多汁，质地纯净。

优质黑皮诺葡萄酒有独特的质感。新西兰有着先天的气候条件，所以与勃艮第相比，更加坚持这种品质。

中奥塔哥产区（Central Otago region）以黑皮诺葡萄酒而闻名

"黑皮诺如丝般的精致感中，更增添了鲜明的果香味。"

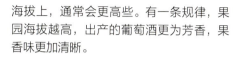

4 马尔贝克
阿根廷

外观： 深紫色中带点儿紫罗兰色和红色。

马尔贝克葡萄的天然色素高。法国卡奥尔（Cahors）出产的这种葡萄酒（当地称马尔贝克为"Côt"）被称为"黑葡萄酒"（the black wine）。

香气： 李子、黑樱桃和巧克力的气味，有时还有紫罗兰的花香。

大多数阿根廷马尔贝克来自门多萨的安第斯山脉，这里的葡萄园位于900m的惊人海拔上，通常会更高些。有一条规律，果园海拔越高，出产的葡萄酒更为芳香，果香味更加清晰。

风味： 由李子和樱桃味转变为巧克力和香草味，浓郁迷人。

马尔贝克经过精心的橡木桶陈酿，风味更佳。不过一些酿酒商习惯于进行过度橡木桶陈酿，使用烘烤过的新橡木桶，让烘焙味和香草味遮掩住它的果味（参见140页）。

质地： 浓郁、温热并且多肉，结构坚实，但带有很好的新鲜感和持久感。

门多萨地区的昼夜温差很大。白天的热度可以让马尔贝克葡萄的糖分和风味成熟，而到了夜晚，温度骤降，则可以保留其中的酸度。因此所酿的葡萄酒拥有平衡成熟的果香味、成熟的单宁和新鲜感。

这个品牌的名字——霍米伽尔（Altos las Hormigas），可以翻译为"蚂蚁的高度"（Ants'Heights）

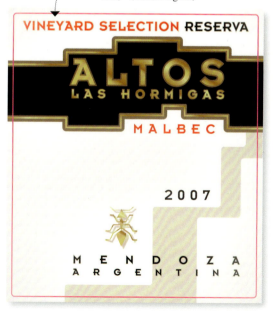

"来自安第斯山脉的馥郁欢快的红葡萄酒。"

新世界经典红葡萄酒

选酒

在历史上,新世界的经典红葡萄酒与它的欧洲同类相比,深受果味的影响,更加浓郁。不过,对于酒中的一切,特别是在快速变化的新世界,这只是一种可供参考的归纳,而不是严格的规则,新的葡萄酒类型一直都在不断涌现。

许多新世界的红葡萄酒可以搭配油腻的本地肉菜。

1 赤霞珠
美国加利福尼亚州

这些葡萄酒采用赤霞珠酿制而成,质地丰富迷人,骨架大,但与顺滑成熟的单宁完满融合。

购买建议: 来自纳帕谷的顶级品价格相当昂贵,但正如法国波尔多出品的顶级品一样,它们拥有非常好的陈年潜力。

食物搭配: 牛肉、牛排、烧烤。

不妨一试: 来自美国华盛顿州、智利、阿根廷和澳大利亚库纳瓦拉(Coonawarra)产区的赤霞珠葡萄酒。

2 西拉子
澳大利亚南部

西拉子葡萄酒色泽深沉,相当浓郁强烈,果味浓厚,以天然的热情和温和为特色。

购买建议: 澳大利亚的西拉子形式多样,经典款出自巴巴罗萨谷和麦嘉伦谷(McLaren Vale);如想要辛辣味更重,则可以试试西斯寇特产区(Heathcote)和维多利亚(Victoria)的格兰皮恩(Grampians)。

食物搭配: 烤肉、油腻的炖菜。

不妨一试: 美国的仙粉黛;南非的西拉子。

新世界经典红葡萄酒

种植在阿根廷门多萨朱卡迪酒庄（Familia Zuccardi Bodega）葡萄园中的**成熟的马尔贝克有机葡萄**。

3 黑皮诺
新西兰

黑皮诺葡萄酒柔顺、多汁，口感丝滑。与它的勃艮第同类相比，虽然少了点儿咸香味和复杂性，但却有一种额外的纯正感。

购买建议：尝试中奥塔哥、马尔堡（Marlborough）和马丁堡（Martinborough）产区。

食物搭配：羔羊肉、鸭肉、三文鱼和金枪鱼。

不妨一试：来自美国俄勒冈州、智利利达谷（Leyda Valley）以及澳大利亚的塔斯马尼亚（Tasmania）和维多利亚（Victoria）的黑皮诺葡萄酒。

4 马尔贝克
阿根廷

马尔贝克葡萄种在高海拔的葡萄树上，可以酿制出果味欢快、新鲜并且强烈的红葡萄酒，带有迷人醇厚的芳香。

购买建议：门多萨是马尔贝克葡萄酒的首选产区，但也可以尝试巴塔哥尼亚（Patagonia）和萨尔塔（Salta）产区。

食物搭配：烤至微焦的牛排。

不妨一试：对比法国卡奥尔（Cahors）产区的马尔贝克葡萄酒；尝试南非的品丽珠葡萄酒，以及来自乌拉圭和阿根廷的丹娜葡萄酒。

全球各类起泡葡萄酒

起泡葡萄酒在全世界都有酿造,色泽丰富。本次品鉴我们将会看到四种最为常见的类型,但它们并不都叫香槟。

法国香槟区Ay村的**葡萄园**。

如我们在16页和35页所看到的,酿造起泡葡萄酒时,先要酿出静酒,然后借助二氧化碳产生气泡,可以在碳酸化过程中注入二氧化碳(像碳酸软饮料一样),或者在瓶中或桶中加入酵母和糖分进行二次发酵。只有法国东北部的香槟地区,在瓶中通过二次发酵(香槟法)酿制而出的葡萄酒才是真正的香槟酒。采用此法的还有西班牙的卡瓦酒(Cava),德国的起泡葡萄酒(Sekt)和南非的起泡葡萄酒(Cap Classique)。此外澳大利亚、美国和英格兰南部也采用该方法酿制顶级起泡葡萄酒。至于普洛赛克(Prosecco)葡萄酒,则是由意大利人在桶中经过二次发酵酿制而成的,这种方法被称为查马法(Charmet)。

1 香槟
法国

法国北部寒冷的香槟产区出产世界公认的顶级起泡葡萄酒,由黑皮诺、莫尼耶皮诺(Pinot Meunier)和霞多丽葡萄中的一种或全部酿制而成。

推荐:哥塞顶级香槟(Gosset Brut Excellence);德乐梦酒庄NV特干香槟(Delamotte Brut NV)。

全球各类起泡葡萄酒

2 普洛赛克
意大利

在意大利东北部,威尼斯和特雷维索(Treviso)北边的普洛赛克产区通过查马法酿制出更加清淡柔和的葡萄酒,在过去的数十年中广为流行。

推荐:瓦尔多比亚代内比索勒卡地泽普罗赛克起泡葡萄酒(Bisol Cartizze Prosecco di Valdobbiadene);瓦尔多比亚代内阿达米普鲁赛克起泡葡萄酒(Adami Bosco di Gica Prosecco di Valdobbiadene)。

侍酒温度:8℃

葡萄品种:格雷拉(Glera)。

3 卡瓦
西班牙

绝大多数卡瓦酒在西班牙东部的加泰罗尼亚(Catalonia)地区酿制,其他部分地区也被允许生产,采用传统工艺,通常由三种当地的葡萄品种调配而成。

推荐:奥古斯丁珍藏级起泡葡萄酒(Agustí Torelló Mata Brut Reserva);亚伯诺雅小阿尔贝起泡葡萄酒(Albet i Noya Petit Albet)。

侍酒温度:8℃

葡萄品种:马家婆(Macabeo)、帕雷亚达(Pavellada)、沙雷洛(Xarel-lo)、霞多丽、黑皮诺。

4 英国起泡葡萄酒
英格兰

英格兰北部受酿酒气候的限制,所以在东南部采用和香槟一样的葡萄品种和酿酒工艺,酿制出优质的起泡葡萄酒。

推荐:尼丁博酒庄经典起泡葡萄酒(Nyetimber Classic Cuvée);里奇维尤酒庄布鲁姆伯利欢乐系列起泡葡萄酒(Ridgeview Bloomsbury Cuvée Merrt)。

侍酒温度:8℃

葡萄品种:霞多丽、黑皮诺、莫尼耶皮诺。

全球各类起泡葡萄酒

1 香槟
法国

"Brut"意为较干的香槟酒

外观： 柠檬黄至金黄色。漂亮连续的气泡会从杯底中心缓缓升起至顶部，并在达到边缘时发出悦耳的声响。

这种烟囱效应作为品质的标志，通过在瓶中精心完成二次发酵来实现。

香气： 浅淡持久的苹果和柑橘类水果的香气，带有糕点和饼干的气息。

复杂的糕点气息是二次发酵结束后，瓶中失去活力的酵母细胞或酒泥与酒液接触的结果。

风味： 清爽的柠檬和苹果味，带有一种钢铁般和矿物味的纯净感。有烘烤般的余味。

酿制香槟的葡萄种植在法国东北部白垩土壤上，这里气候寒冷，葡萄采摘时酸度高，所以口感纯净，有矿物味。

质地： 柔和精致并且持久的气泡。绵密顺柔。

与酒泥的接触，增加了酒体，带来黄油般的口感，可以通过微妙的气泡和洁净的酸味来平衡。

> "来自香槟产区的令人兴奋的清爽和复杂的气泡。"

全球各类起泡葡萄酒

2 普洛赛克
意大利

比索（Bisol）酒庄的印记，它是普洛赛克地区的顶级酿酒商

外观：浅黄色带点儿青绿色。如慕斯般的丰富大气泡，会很快消散。

普洛赛克葡萄酒在桶中进行二次发酵，与那些在瓶中发酵的起泡葡萄酒相比，会产生体积略大、更为短促的气泡。

香气：淡淡的桃子和白色花朵的精致气息。

格雷拉（Glera）白葡萄（曾称作"普洛赛克"）酿制的葡萄酒不如香槟酒那么强烈。

风味：糖粉、柠檬和桃的风味。

普洛赛克葡萄酒在装瓶前会加糖，所以比其他起泡葡萄酒略甜。甜味和气泡的组成，使其带有糖粉般的泡沫感。

质地：酒体轻盈，优雅，几乎感觉不到酒精。

普洛赛克葡萄酒比香槟酒更加清淡，因为它不与酒泥接触，所以不会获得额外的酒体。顶级品拥有薄纱般的新鲜感，使其成为绝佳的开胃酒。

"轻盈，易饮，带有微妙的花香味和果味。"

全球各类起泡葡萄酒

3 卡瓦
西班牙

卡瓦酒采用和香槟酒相同的术语来标记类型，如"Brut"意为干型

外观： 草黄色中带点儿青绿色。有漂亮的成串气泡。

顶级的卡瓦酒采用与香槟酒相同的工艺，同样的烟囱效应可以获得一样漂亮的气泡。

香气： 浓厚成熟的苹果、菠萝味，边缘有淡淡的泥土味。

卡瓦酒在品质和烈度方面各有不同。品质较好的会标有"Gran Reserva"（珍藏级），果味更突出，泥土味则更淡。

风味： 浓郁的泥土味中，带有成熟的苹果味和葡萄柚的酸爽味。

这种葡萄酒带有卡瓦产区传统的葡萄品种马家婆、帕雷亚达和沙雷洛（会释放泥土味）的风味，有时会混入霞多丽和黑皮诺的风味。

质地： 干，口感相当浓厚。

卡瓦酒产地的气候比香槟暖和得多，所以葡萄中的酸味不那么明显。通常为干型，但和香槟酒一样，在最终装瓶前，会加入不同分量的糖。

"充满西班牙传统工艺风格的起泡葡萄酒。"

全球各类起泡葡萄酒

4 英国起泡葡萄酒
英格兰

 外观： 柠檬黄至浅金黄色。漂亮持续的气泡从杯底中心缓缓升起至杯口，在达到边缘时发出悦耳的铃声。

顶级英国起泡葡萄酒看起来与香槟酒非常相似。它们的酿酒工艺相同，通常采用种植土壤（白垩土）相似的同一葡萄品种。

香气： 纯净的红苹果味，带点儿乡间山楂特色的花香味、柠檬味。有些烘烤味和饼干的气息。

与包含白谢瓦尔（Seyval Blanc）葡萄的葡萄酒相比，其独特的花香味和青味更加明显。

 风味： 清爽新鲜，鲜明的红苹果和酥皮奶油糕点的气息。

与顶级的香槟酒一样，顶级的英国起泡葡萄酒适宜在瓶中长时间发酵，可以获得面包坊的风味。

 质地： 诱人欢快的口感。

英国葡萄酒天然酸度非常高，于非常寒冷的气候下，在葡萄酒产区的北方边界酿制而成。

尼丁博酒庄（Nyetimber）是英国第一家获得全球关注的酿酒商

"极度清爽，带有野生灌木的气味。"

135

选酒

起泡葡萄酒在全世界都有酿制。酿酒师首先酿出静酒,然后进行二次发酵或者加入二氧化碳,来获得气泡。酸度充足的葡萄(在较寒冷的气候区种植并较早采摘)酿制的起泡葡萄酒品质最佳。它是典型的开胃酒,但同样适合与某些食物搭配。

德茨香槟(Champagne Deutz)自19世纪就开始酿制了,这也是香槟发展的黄金期。

1 香槟
法国

香槟酒作为最早的起泡葡萄酒,至今仍被公认为顶级的起泡酒,出产自法国同名产区,以其独特平衡的丰富度和精致感,以及纯净的新鲜感为特色。

购买建议:大多数香槟酒由不同年份的葡萄酒调配而成(称之为NV,无年份香槟)。若想要感受单一年份顶级香槟的精致感,可以选择酒标上注有年份的香槟酒。

食物搭配:与烟熏三文鱼这样的鱼和海鲜搭配,口感最佳。

不妨一试:来自澳大利亚塔斯马尼亚(Tasmania)、新西兰和美国加利福尼亚州北部,采用相同工艺(被称为香槟法)酿制而成的起泡葡萄酒。

2 普洛赛克
意大利

这种来自意大利东北部,轻盈、优雅、微妙的起泡葡萄酒采用桶中发酵法(查马法),由格雷拉葡萄酿制而成,有桃、柠檬和糖粉的风味。

购买建议:顶级品来自科内利亚诺和瓦尔多比亚代内的DOCG级普洛赛克葡萄酒(Prosecco di Conegliano de Valdobbiadene DOCG)。

食物搭配:普洛赛克是绝佳的开胃酒,但同样适合搭配许多清淡的果味甜食。

不妨一试:芳香型意大利起泡葡萄酒——阿斯蒂起泡葡萄酒(Asti Spumante)和莫斯卡托阿斯蒂起泡酒(Moscato d'Asti),或者与香槟酒相似的弗朗齐亚柯达起泡酒(Franciacorta)。

3 卡瓦
西班牙

卡瓦酒主要采用种植在加泰罗尼亚产区的三种当地葡萄品种,经过传统的瓶中发酵法酿制而成。有时会加入香槟和黑皮诺,可以获得更为浓郁、泥土味更重的气泡。

购买建议:卡瓦酒瓶上的标签是风味的导引。标有"Gran Reserva"(珍藏级)的卡瓦酒,年份更久,也更加浓郁。

食物搭配:海鲜和沙拉,或者将其当做开胃酒。

不妨一试:穿越边界,尝试法国比利牛斯

全球各类起泡葡萄酒

作为世界上**最大的香槟制造商之一**，玛姆酒庄（Mumm）也可以在加利福尼亚州酿制出相似的葡萄酒。

山脉（Pyrenees）的朗格多克出产的科瑞芒（Crémant）葡萄酒和利穆·布朗克特葡萄酒（Blanquette de Limoux）。

4 英国起泡葡萄酒
英格兰

英格兰寒冷的气候和土壤条件已被证明是酿制起泡葡萄酒的理想之地。英国酿酒师采用和香槟酒一样的技术工艺和葡萄品种，酿制而成的葡萄酒带有稍浓的花香味。

购买建议： 由于英国起泡葡萄酒制造业规模仍然不大（尽管有相当长的酿酒传统），所以你可能需要仔细寻找，才能有所发现，即使这样也没有太多的选择余地。

食物搭配： 英国起泡葡萄酒适合搭配鱼和海鲜，或者作为开胃酒。

不妨一试： 起泡葡萄酒在德国被称为"Sekt"；来自法国的勃艮第科瑞芒葡萄酒（Crémant de Bourgogne）和卢瓦尔河科瑞芒葡萄酒（Crémant de Lorie）。

香槟酒曾经是贵族阶层的**私有物**，现在被广泛当做欢庆用酒。

3

拓展篇

在这一篇，我们将会探究决定葡萄酒类型和风味的关键因素，帮助你增加专业知识，并提升你的鉴别力。你会学习到：这种葡萄酒产自寒冷气候区还是温暖气候区？酿酒商是否使用了橡木桶？一瓶葡萄酒可以保存多久？如何在饮酒时搭配食物？

本篇中我们将会了解以下内容：

橡木的作用
pp.140~147

气候的影响
pp.148~155

年份的意义
pp.156~163

另类葡萄酒
pp.164~175

葡萄酒与食物的搭配原则
pp.176~187

橡木的作用

酿酒时使用橡木桶对最终的葡萄酒作用很大，甚至不同类型的橡木桶也会影响葡萄酒的风味，因此橡木是酿酒师"工具箱"的重要组成部分之一。

南美酿酒厂中的**橡木桶**。

历史上，大多数葡萄酒是在橡木或其他木质酒桶中酿制而成的。如今，多数葡萄酒则在不锈钢桶或混凝土桶中发酵，它们不会带来风味。有些葡萄酒在酿制完成后直接装瓶，其他的则转移到橡木桶中，陈酿数月或数年。橡木赋予葡萄酒烘烤味、香草和椰子的风味，程度如何则取决于木材的种植地及酒桶的制作工艺、体积大小和新旧程度。新的酒桶比旧桶会增添更多的风味。美国橡木比法国橡木会带来更多的椰子和香草味。葡萄酒在橡木桶中时间越久，作用越大。另一个变数是烘烤味的程度。当酒桶刚制作完时，它的内壁经过加热或烘烤，会释放酚类化合物，橡木桶会呈现清淡、中等或浓厚的烘烤味。

1 未经橡木桶陈酿的白葡萄酒
新西兰长相思

在新西兰，大多数长相思葡萄酒会于低温下在不锈钢桶中发酵和陈酿，以保持精致醇厚的果香味。

推荐：云雾之湾酒庄（Cloudy Bay）或者席尔森酒庄（Seresin Estate）的长相思葡萄酒。

橡木的作用

2 橡木桶陈酿的白葡萄酒
橡木桶中发酵的新西兰长相思

这种葡萄酒采用相同的葡萄品种,但会在法国小橡木桶中发酵和陈酿,可以获得不同的质地和更加复杂的风味。

推荐: 云雾之湾酒庄蒂寇寇长相思葡萄酒(Cloudy Bay Te Koko Sauvignon Blanc);席尔森酒庄玛拉玛长相思葡萄酒(Seresin Marama Sauvignon Blanc)。

侍酒温度: 10~12℃

葡萄品种: 长相思

新西兰南岛 — 布莱尼姆、惠灵顿、基督城

3 未经橡木桶陈酿的红葡萄酒
阿根廷马尔贝克

未经橡木桶陈酿的马尔贝克葡萄酒,使用阿根廷高海拔果园出产的马尔贝克葡萄,在不锈钢桶或水泥桶中酿制而成,与那些经过桶中陈酿的葡萄酒相比,可以获得更加丰富的果香味。

推荐: 维纳巴酒庄马尔贝克葡萄酒(Viñalba Malbec);佳乐美酒庄特鲁诺马尔贝克葡萄酒(Colomé Terruno Malbec)。

侍酒温度: 14℃

葡萄品种: 马尔贝克

阿根廷 — 门多萨、路冉得库约(Lujan de Cuyo)、布宜诺斯艾利斯

4 橡木桶陈酿的红葡萄酒
橡木桶中成熟的阿根廷马尔贝克

大多数阿根廷的马尔贝克葡萄酒会与橡木接触一段时间,或者是在桶中陈年,或者在不锈钢桶或混凝土桶中加入较为便宜的橡木片或橡木板。

推荐: 维纳巴酒庄陈年马尔贝克葡萄酒(Viñalba Gran Reserva Malbec);佳乐美酒庄马尔贝克葡萄酒(Colomé Estate Malbec)。

侍酒温度: 16~18℃

葡萄品种: 马尔贝克

阿根廷 — 门多萨、路冉得库约、布宜诺斯艾利斯

橡木的作用

1 未经橡木桶陈酿的白葡萄酒
新西兰长相思

 外观： 鲜明的浅草黄色中带点儿青绿色。

一般来说，未经橡木桶陈酿的白葡萄酒，比采用同样品种的葡萄经新橡木桶酿制而成的葡萄酒，色泽更为浅淡。

 香气： 扑鼻而来的鹅莓和青草的欢快鲜明的青味，接骨木花和百香果的香气。

长相思是一种自然生长旺盛的葡萄品种。酿酒师会在酿制过程中使葡萄和果汁尽可能保持清凉，以保存其风味。

 风味： 爽口的柑橘果味中，带有鹅莓、百香果和接骨木花糖浆的风味。

未经橡木桶陈酿的白葡萄酒风味都很纯正，简单来说，就是果香四溢。酿酒师会使用特殊的酵母来凸显它们。

 质地： 轻盈、清爽、新鲜。这种葡萄酒拥有欢快活跃的口感。

与那些在橡木桶中发酵和陈年的葡萄酒相比，未经橡木桶陈年的白葡萄酒口感更加清淡。

云雾之湾酒庄是新西兰第一批通过长相思葡萄酒大获成功的酿酒商之一

"清爽、轻盈、醇厚的果香味。"

橡木的作用

新西兰的葡萄酒通常都采用螺旋帽封口,以保持新鲜感

2 橡木桶陈酿的白葡萄酒
橡木桶中发酵的新西兰长相思

 外观: 色泽较深,带有更多的金黄色。

白葡萄酒在桶中会有复杂的化学反应,其较为浓艳的色泽就是葡萄酒与氧气相互作用的结果,这些氧气会通过橡木少量但持续地渗入到酒中。

 香气: 浓厚的桃、坚果和金银花的气味,还带点儿烟熏味。

烟熏味和坚果味是桶中发酵而成的白葡萄酒的典型风味。

 风味: 浓郁的热带水果和柠檬塔风味,有坚果般的余味。风味复杂。

在桶中酿酒需小心谨慎;如果在劣质的橡木桶中时间过长,或者水果质量不好,那么橡木味会盖过其中的果香味。

 质地: 酒香芳醇,酒体饱满,丰腴持久。

与氧气缓慢但持续的相互作用,以及搅动失去活力的酵母细胞或酒泥,会使葡萄酒更加浓烈,质地更为浓郁。

"浓郁丰腴,厚重复杂的风味。"

橡木的作用

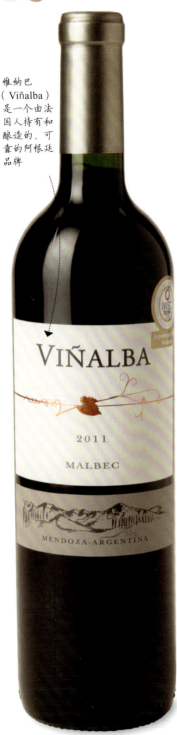

维纳巴（Viñalba）是一个由法国人持有和酿造的、可靠的阿根廷品牌

3 未经橡木桶陈酿的红葡萄酒
阿根廷马尔贝克

 外观： 明亮的紫红色中带点儿紫罗兰色。

一般来说，未经橡木桶陈酿的红葡萄酒需要趁年轻时售卖和饮用，酿制时几乎不与氧气接触，呈石榴色和砖红色。

 香气： 充满非常鲜明的鲜果味：李子、黑樱桃和紫罗兰。

和未经橡木桶陈酿的白葡萄酒一样，这种红葡萄酒在没有气味的不锈钢桶中酿制而成，鲜明的果香味格外突出。

 风味： 欢快的黑色水果味中，带有黑巧克力棒的风味。

由于橡木桶价格昂贵，所以未经橡木桶陈酿的红葡萄酒较为便宜，但这并不意味着风味不足。其顶级品同样也有浓厚的果香味，可以表现出所用葡萄品种的特色。

 质地： 汁多味美，活跃新鲜。

与经过橡木桶陈酿的红葡萄酒相比，未经橡木桶陈酿的红葡萄酒通常含有更少的单宁。因为单宁不会在橡木桶陈酿中得到柔化，所以酿酒师会格外小心，不让单宁从果皮和果籽中释放出来。

"柔顺、多汁且新鲜的红葡萄酒，带有纯正的果香味。"

橡木的作用

4 橡木桶陈酿的红葡萄酒
珍藏级或特级阿根廷马尔贝克

这个标签表明这支葡萄酒曾在同类竞赛中获得过优质奖

 外观： 浓重暗沉的紫红色中带点儿紫罗兰色，并在边缘褪至非常微妙的砖红色。

经橡木桶陈酿的葡萄酒与氧气接触较多，氧气会透过橡木表面渗入到酒液中。那些在桶中长期陈酿的葡萄酒会呈现出黄褐色。

 香气： 李子和黑樱桃、咖啡、香草，以及烘烤的气味。

咖啡、烘烤和香草的香气都是由酒桶直接带来的。随着葡萄酒陈年后，这些香气与果味整合在一起，形成了复杂和谐的酒香。

 风味： 摩卡咖啡味，带有裹着黑巧克力的樱桃味。

酿制风味强烈的深色葡萄酒的葡萄品种与酿制更加清淡的葡萄酒的葡萄品种相比，更适合搭配重度烘烤的新橡木桶，它们的风味会被掩盖住。

 质地： 酒体饱满，口感浓郁，带有柔和的单宁。

酿酒师因其对质地的影响，而中意于橡木。与少量氧气的微妙反应，可以使单宁柔化。

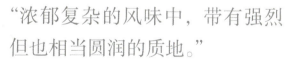

"浓郁复杂的风味中，带有强烈但也相当圆润的质地。"

选酒

作为传统的葡萄酒发酵容器,橡木桶已经经过了时间的考验,由于可以缓缓导入氧气,所以可以使葡萄酒优雅地陈年。不过,橡木桶并不适合所有的葡萄酒类型,酿酒师必须根据其形状、烘烤程度、新旧情况和体积大小来认真挑选,以满足他们的需求。

1 未经橡木桶陈酿的白葡萄酒
新西兰长相思

这种年轻的葡萄酒在不锈钢桶中发酵而成,有丰富的鹅莓、青草和热带水果的香气和风味,并带有轻盈、新鲜、清爽的口感。

购买建议:几乎所有的新西兰长相思葡萄酒都属于这种类型,但需要检查酒瓶背面标签上的酿酒商信息。

食物搭配:鱼、海鲜和微辣的亚洲美食。

不妨一试:未经橡木桶陈酿的白葡萄酒,如西班牙的阿尔巴利诺,以及全世界的长相思和雷司令葡萄酒。

2 桶中发酵并经橡木桶陈酿的白葡萄酒
新西兰长相思

在桶中发酵和陈酿至少使这种葡萄酒质地更加浓郁厚重,有金银花、核果、柠檬塔、坚果和烘烤的复合风味。

购买建议:酒桶的自身价值,连同酿制所花费的更多时间和大量劳动力,都反映在这些桶中发酵和橡木桶陈酿的白葡萄酒的较高价格上了。

食物搭配:鸡肉、猪肉和其他白肉。

不妨一试:来自波尔多格拉夫产区(Graves)的桶中发酵的长相思和塞米雍调配酒;或者全世界任一一款经橡木桶陈酿的霞多丽葡萄酒。

橡木陈年的过程可以使葡萄酒的风味和质地更加浓郁和厚重。

橡木的作用

有些葡萄酒可以在桶中保存许多年，但其他葡萄酒并没有陈年的意义，应该趁着年轻就饮用完。

3 未经橡木桶陈酿的红葡萄酒
阿根廷马尔贝克

因为未经橡木桶陈酿的马尔贝克葡萄酒可以不受其他任何影响就能展示出葡萄的纯正果香味，所以充满了非常欢快的黑樱桃和李子的果香味。

购买建议：一瓶红葡萄酒是否经过橡木桶陈酿不会在酒标上注明，所以你得在你信任的酒商那里检查它的原产地。

食物搭配：香肠和熟食。

不妨一试：尝试那些通常没有经过橡木桶陈酿的葡萄酒，如法国的博诺莱（Beaujolais）、西班牙廉价的红葡萄酒（有时标注为"Jovén"，意为年轻）和意大利的多姿桃（Dolcetto）。

4 桶中成熟并经橡木桶陈酿的红葡萄酒
阿根廷马尔贝克

经橡木桶陈酿的阿根廷马尔贝克葡萄酒，质地强烈，风味浓厚，但有很好的柔和度及丰富度，并且在未经橡木桶陈酿的黑樱桃和李子的果味基础上，增添了摩卡咖啡、烘烤和香草的气息。

购买建议：在西班牙，对珍藏级和特级珍藏级系列葡萄酒有严格的法律规定。阿根廷则没有这类规定，但这些酒标上的术语，通常可以作为橡木桶陈年情况的导引。

食物搭配：烤牛排或其他红肉。

不妨一试：全世界的赤霞珠葡萄酒；如想要橡木桶长期陈酿的葡萄酒，可以选择里奥哈特级珍藏级葡萄酒（Rioja Gran Reserva）。

气候的影响

葡萄种植区特有的气候条件，会对葡萄酒最终的香气、风味和质地产生巨大的影响。

酿酒商一直在寻求葡萄的糖分、酸度与自然成熟（当果皮和果核从绿色变为棕色，在酿酒时产生风味的化合物开始形成）之间的最佳平衡点。虽然诸如土壤条件、葡萄品种和种植技术一类的因素扮演着重要的角色，但一般来说，气候越温暖，葡萄自然成熟后，糖分含量越高，酸度也越低。因此，较温暖的气候区常常酿制出更加浓郁、浓厚的葡萄酒，酒精度数偏高，酸度偏低；而较寒冷的气候区可以酿制更为轻盈的葡萄酒，酒精度数较低，较高的酸度使口感更加清爽新鲜。

加利福尼亚州北部的**索诺玛产区**（Sonama region）气候温暖，阳光充足。

1 寒冷气候区的白葡萄酒
葡萄牙绿酒（Vinho Verde）

葡萄牙西北部的绿酒产区在大西洋的作用下，气候寒冷，可以酿制出干型或半干型的新鲜白葡萄酒，有时还带点儿漂亮的气泡。

推荐：阿芙诺斯酒庄绿酒（Afros Vinho Verde）；苏加比酒庄（Quinta de Azevedo）绿酒。

气候的影响

2 温暖气候区的白葡萄酒
朗格多克维欧尼

法国南部的朗格多克产区很适合种植维欧尼葡萄，温暖的地中海气候使葡萄风味丰富、质地浓郁。

推荐：拉芙维欧尼葡萄酒（La Forge Viognier）；劳伦米格尔维欧尼葡萄酒（Laurent Miquel Viognier）。

侍酒温度：12℃

葡萄品种：维欧尼

3 寒冷气候区的红葡萄酒
卢瓦尔河谷品丽珠

卢瓦尔河谷寒冷的北部以其白葡萄酒最为知名，但早熟的品丽珠葡萄也可以酿制出多汁的红葡萄酒。

推荐：索米尔品丽珠葡萄酒（Cave de Vignerons de Saumur Cabernet Franc）；菲丽特洛酒庄索米尔霞多丽葡萄酒（Domaine Filliatreau Saumur-Chardonnay）。

侍酒温度：13℃

葡萄品种：品丽珠

4 温暖气候区的红葡萄酒
加利福尼亚州仙粉黛

加利福尼亚州特有的仙粉黛葡萄酒在该州较为温暖的地区生长旺盛，酿制的葡萄酒酒精度数高，带有非常集中的成熟浆果味。

推荐：雷文斯伍德仙粉黛葡萄酒（Ravenswood Lodi Zinfandel）；约瑟夫斯旺曼奇尼园仙粉黛葡萄酒（Joseph Swan Vineyards Mancini Ranch ZInfandel）。

侍酒温度：18℃

葡萄品种：仙粉黛

气候的影响

1 寒冷气候区的白葡萄酒 葡萄牙绿酒

外观： 浅银绿色。
如我们在整本书所看到的，葡萄酒浅淡的色泽表明它来自于气候较为寒冷的地区。

香气： 精致的花香中带有桃、青苹果的香气，以及微妙的柑橘味。
一般来说，较寒冷气候区出产的白葡萄酒更易偏向于柑橘和果园水果的风味，而不是热带水果的风味。

风味： 非常新鲜，几乎令人心旷神怡的柠檬和酸橙的果香味，青苹果的爽脆感中带点儿桃味。
这款葡萄酒较高的酸度使其拥有与众不同的新鲜感。采用阿尔巴利诺葡萄酿制的绿酒，桃味更加突出。

质地： 非常轻盈，带有轻微的刺痛感和气泡感。
少量气泡是绿酒的传统特色，现在一般通过在装瓶前加入二氧化碳来实现。所有寒冷气候区出产的白葡萄酒酒精度都低，但绿酒特别低，在11%以下。

阿芙诺斯酒庄（Afros）非常重视品质，并重振了葡萄牙绿酒业。

"令人垂涎的新鲜柑橘和苹果味。"

气候的影响　　　　　　　　　　　　1 2 3

2 温暖气候区的白葡萄酒
朗格多克维欧尼

 外观： 鲜明的草黄色到金黄色。

维欧尼葡萄的果皮在成熟后呈黄色，酿制的葡萄酒带有金黄色的色泽。

 香气： 浓厚丰富的桃、杏和金银花味，带点儿菠萝味。

维欧尼葡萄完全成熟后的典型气味。在较为寒冷的气候区，这些会被青味所冲淡。

 风味： 成熟浓郁。诱人多肉的桃味和杏味。

维欧尼葡萄因为果皮薄，所以需要温暖的气候才能成熟，使其风味丰富，但如果采摘太早，则会发苦。

 质地： 口感相当浓烈饱满，持久强烈。

维欧尼葡萄在果皮和果籽成熟后，含糖量很高，酿制的葡萄酒度数较高，口感更加丰富。虽然维欧尼葡萄酸度一点也不高，但种植者在其酸度偏低时，应小心采摘，否则酿制的葡萄会松弛且了无生趣。

拉芙（La Forge）是多产的朗格多克酿酒商保罗玛斯酒庄（Domaines Paul Mas）旗下的一个品牌

"诱人的桃味，呈金黄色。"

151

气候的影响

3 寒冷气候区的红葡萄酒
卢瓦尔河谷品丽珠

外观： 鲜明的宝石红色中带点儿紫色。

品丽珠与赤霞珠密切相关，但果皮更薄，色素较少，成熟较早，适合在较寒冷的气候区种植。

香气： 芳香四溢的紫罗兰和森林水果的气味。些许多叶草本植物的香气。

寒冷气候区出产的红葡萄酒往往带有更多的轻柔芳香，回想下我们已经品鉴过的黑皮诺葡萄酒（参见85页和106页）和其他轻盈优雅且果香清新的葡萄酒。同样的葡萄如果种植在较温暖的气候区，往往果酱味更浓。

风味： 有些石墨味和铅笔芯味，伴随着森林水果味，以及些许青味。

在寒冷的年份，种植者努力使品丽珠成熟，青味占据了主导。在较温暖的年份，这些青味则是诱人的调味剂。

质地： 爽脆多汁，有点儿扣人心弦的感觉。

品丽珠的单宁含量比赤霞珠少，但这些单宁需要成熟。在非常寒冷的年份，其所酿制的葡萄酒会有令人生厌的收敛感。

这瓶葡萄酒由索米尔产区（Saumur region）的种植者合作社酿制而成

"美味多汁，芳香醇厚，多肉的果香味。"

4 温暖气候区的红葡萄酒
加利福尼亚州仙粉黛

外观： 顶级品呈深沉浓重的宝石红色。

虽然酿酒师让果皮与果汁接触的时间长短是更为重要的因素，但温暖气候区的红葡萄酒通常比寒冷气候区的红葡萄酒拥有更为浓重的色泽。

香气： 甜味、水果味的大爆发，带有熟透的蓝莓和李子味。

一般来说，温暖气候区的红葡萄酒的果香味往往偏向更为深色的水果，但果香味不够精致。

风味： 与香气一样强烈的果香味，这种水果味可能会逐渐变为松香或西梅干味。

采摘仙粉黛葡萄的时机很难把握。它需要足够的时间来生长成熟，但如果放置时间太久，则会迅速带上令人不悦的松香、炖煮或者烘焙味。

质地： 浓厚、温和、柔顺。酒精含量高但柔和。

仙粉黛葡萄成熟后会积累大量糖分，可酿制高度的葡萄酒，属于世界上酒精含量最高的葡萄酒，通常在15%以上。

雷文斯伍德酒庄（Ravenswood）酿制强烈的仙粉黛葡萄酒，其座右铭是"不要懦弱的葡萄酒"。

"度数高，甜甜的果香味，强烈。"

选酒

气候不同于天气,前者是指一个地区长期的气象特征,而后者则是每天的情况。即使是很小的区域,其气候也会因为海拔,接近海洋、森林或者河流等因素而出现变化。因此虽然酒标上的气候信息对于选择葡萄酒的类型很有用,但也不是百分百准确,比如,一瓶来自通常为寒冷气候区的葡萄酒,有可能在较温暖的年份里出现不同的特征。

1 寒冷气候区的白葡萄酒
葡萄牙绿酒

绿酒(字面翻译过来是"绿色的酒",但意思是"年轻的酒")是来自葡萄牙北部的典型葡萄酒,有柠檬的清新感,有点儿开胃,酒精含量低。

购买建议:绿酒一般价格不贵,但通常最好不要选择最便宜的,因为它们可能尝起来又甜又酸。

食物搭配:海鲜,葡萄牙盐渍鳕鱼[当地称为马介休(bacalhau)]。

不妨一试:其他寒冷气候区的葡萄酒,如法国的夏布利和密斯卡岱、德国的摩泽尔、西班牙的下海湾、加利福尼亚州的卡内罗斯(Carneros)以及新西兰南岛。

2 温暖气候区的白葡萄酒
朗格多克维欧尼

这种采用维欧尼葡萄酿制而成的芳香浓烈的金黄色葡萄酒,出自法国南部靠近地中海的温暖气候区。

购买建议:维欧尼最好趁着年轻时饮用,此时它最为芳香四溢。

食物搭配:搭配浓酱的白肉,中国菜。

不妨一试:法国罗讷河谷、澳大利亚和美国加利福尼亚州的维欧尼葡萄酒,以及采用玛珊(Marsanne)和瑚珊(Roussanne)葡萄酿制的葡萄酒。

许多传统法国葡萄园会围绕一所大房子或别墅来进行种植。

气候的影响

美国加利福尼亚州是酿制温暖气候区葡萄酒的绝佳场所,在索诺玛县拥有许多葡萄园,如宝林庄(Clos du Bois)。

3 寒冷气候区的红葡萄酒
卢瓦尔河谷品丽珠

品丽珠的质地让人想起刚成熟的浆果的爽脆感,并带有微妙的花香味,是一款非常清新怡神、色泽浅淡的红葡萄酒,出自法国较为寒冷的北部地区。

购买建议: 酒标上注明布尔格伊(Buorgueil)、希农(Chinon)和索米尔尚比尼(Saumur-Champigny)产区,可以找到品质最棒的品丽珠葡萄酒。

食物搭配: 适合搭配鸡肉、清淡的野味、熟食和多肉的鱼(如三文鱼和金枪鱼)。

不妨一试: 新鲜果香型红葡萄酒,如法国的博若莱、意大利的多姿桃和瓦尔波利切拉(Valpolicella)。

4 温暖气候区的红葡萄酒
加利福尼亚州仙粉黛

这种加利福尼亚州特有的温暖气候区葡萄酒类型,带有浓厚的蓝莓和西梅干风味,有时还混合了点儿松香或西梅干的风味,强烈丰富的果香味,酒精度数高。

购买建议: 仙粉黛葡萄酒的类型差异很明显,从鲜明多汁的果香型到浓重强烈型,最好在购买前向零售商咨询下。

食物搭配: 强烈型适合搭配烤肉和丰盛的炖肉,而多汁果香型则可以尝试熟食和腊肠。

不妨一试: 果香强烈的红葡萄酒,如克罗地亚的普拉瓦茨马里葡萄酒(Plavac Mali)和意大利南部的普里米蒂沃葡萄酒(Primitivo)。

年份的意义

葡萄酒与几乎其他所有饮品的区别之一是，它的品质在装瓶后仍然会变化和改进。不过，并非所有的葡萄酒都可以得到改进，只有那些有陈年潜力的葡萄酒需要精心储存。

许多葡萄酒在装瓶前，会在木桶，或不锈钢桶，或水泥桶中陈酿一段时间。与此相反的，大多数葡萄酒装瓶后，经过数月，也不会得到改进。只有少数已装瓶的葡萄酒（约5%）经过数年，甚至几十年的陈年后，才会呈现出更加复合的风味，质地更为柔和。人们至今也还未彻底弄清楚葡萄酒与氧气之间复杂的化学反应，但葡萄酒的单宁和酸度越高，达到成熟所需的时间就越长。只有那些含有充足风味化合物的葡萄酒才值得窖藏。为了更好的陈年，葡萄酒必须在恒温（约15℃）下保存于阴暗处，酒瓶应水平摆放，以免橡木塞变干后破裂。

智利圣克鲁斯（Santa Cruz）的拉博丝特酒窖（Lapostolle）。

侍酒温度：10℃

葡萄品种：塞米雍

澳大利亚新南威尔士州

猎人谷　堪培拉　悉尼

1 新酿白葡萄酒
猎人谷塞米雍新酿

澳大利亚新南威尔士州猎人谷特有的葡萄酒类型。

推荐： 天瑞酒庄猎人谷1号塞米雍葡萄酒（Tyrrell's Hunter Valley Sémillon Vat 1）；陈年10年以上的麦克威廉快乐山弗戴尔塞米雍葡萄酒（Mcwilliam's Mount Pleasant Lovedale Sémillon, 2-3 years after the vintage on the label）。

年份的意义

2 陈酿白葡萄酒
猎人谷塞米雍陈酿

猎人谷塞米雍葡萄酒有陈年潜力，有时候经过十多年的陈年后，会呈现出迷人的风味。

推荐：天瑞酒庄猎人谷1号塞米雍葡萄酒（Tyrrell's Hunter Valley Sémillon Vat 1）；陈年2~3年的麦克威廉快乐山弗戴尔塞米雍葡萄酒（Mcwilliam's Mount Pleasant Lovedale Sémillon）。

侍酒温度：10~12℃

葡萄品种：塞米雍

澳大利亚新南威尔士州

3 新酿红葡萄酒
波尔多新酿

波尔多红葡萄酒作为公认的世界顶级红葡萄酒，被广为仿效，有时也被称为"claret"。

推荐：上梅多克马利酒庄红葡萄酒（Château Sociando-Mallet Hant-Médoc）；陈年2~3年的忘忧堡酒庄红葡萄酒（Château Chasse-Spleen Moulis）。

侍酒温度：16℃

葡萄品种：赤霞珠、梅洛、品丽珠、味而多

4 陈酿红葡萄酒
波尔多陈酿

波尔多红葡萄酒在合适的条件下具有非常好的陈年潜力，所以吸引了来自全世界的葡萄酒藏家。

推荐：上梅多克马利酒庄红葡萄酒（Château Sociando-Mallet Hant-Médoc）；陈年10年以上的忘忧堡酒庄红葡萄酒（Château Chasse-Spleen Moulis）。

侍酒温度：16~18℃

葡萄品种：品丽珠

年份的意义

1 新酿白葡萄酒
猎人谷塞米雍新酿

 外观： 鲜明浅淡的柠檬黄中带点儿青绿色。

明亮并没有棕色感是年轻葡萄酒的标志，淡淡的青绿色则是塞米雍葡萄的典型特征。

 风味： 相当欢快、新鲜和干，带有爽口的柠檬酸橙的柑橘味，爽脆的青苹果和青草的风味。

这些风味表明葡萄酒的酸度高，新南威尔士州猎人谷的塞米雍一般比澳大利亚的其他地区要更早采摘。

 香气： 芳香并不浓烈，些许柠檬和酸橙的新鲜感，边缘有点儿剪草和草本植物的气味。

大多数猎人谷塞米雍葡萄酒是在不锈钢桶中酿制而成，所以在这个阶段没有橡木的香味和黄油风味。

 质地： 非常清淡，余味纯净悠长。

由于采摘时间早，猎人谷的塞米雍葡萄糖分含量不高，因此酒精度数和澳大利亚其他地区的葡萄酒一样。酿制的葡萄酒干，但度数仅为11%。

年轻的葡萄酒在酒杯中显得明亮浅淡

"特干型的年轻白葡萄酒有新鲜柑橘、苹果和青草的味道，而陈年的白葡萄酒则相当丰富复杂，带有烘烤柠檬的浓郁感。"

年份的意义

2 陈酿白葡萄酒
猎人谷塞米雍陈酿

外观： 鲜明的深金色，陈年十年以上，会更为突出。

白葡萄酒在酒瓶中与少量氧气作用后，会呈现出金黄色。

香气： 依然是柑橘味，但更多的是浓厚的酸橙味。也有烘烤、蜂蜜和羊毛脂或湿羊毛的气味。

葡萄酒与氧气间复杂的化学反应，会带来奇妙的香气组合。

风味： 酸橙味更重，但尝起来更像涂有蜂蜜的黄油面包上的酸橙。

猎人谷塞米雍葡萄酒陈年时，会经过许多阶段。年轻时，欢快新鲜，并且干；一到两年后，风味和香气减弱；五年后，则变成浓郁的烘烤味。

质地： 依然相当清淡新鲜，但和谐集中。

白葡萄酒的高酸度是陈年的重要因素。经过苹果酸-乳酸转化（酿酒时，将更加尖锐的苹果酸转化为更加柔和的乳酸）的葡萄酒，通常不适合陈年。

现在许多澳大利亚的酿酒商喜欢用螺旋帽，而不是橡木塞，以使葡萄酒更加新鲜

葡萄酒陈年后，色泽更为金黄

年份的意义

3 新酿红葡萄酒
波尔多新酿

外观： 鲜明的紫红色，相当浓厚。

如我们在107页所看到的，勃艮第葡萄酒采用多种葡萄调配而成，包括厚皮的赤霞珠和味而多，酿出的葡萄酒在年轻时色泽深沉。

风味： 和香气一样，以凝练的黑加仑和烘烤的橡木味为主。

这些是勃艮第调配酒年轻时的典型风味。这个阶段有非常浓厚的果香味，有些人会喜欢，其他人则更倾向于沉淀后更加圆润的气味。

香气： 相当纯粹但浓厚，鲜明的黑加仑味，有点儿烘烤、咖啡和香草的气味。

年轻的红葡萄酒以纯粹的果香味为主，勃艮第红葡萄酒在新橡木桶中陈年后，会释放出烘烤、咖啡和香草的香气。

质地： 收敛感强，干，有颗粒感。

勃艮第红葡萄酒在年轻时充满单宁和酸度。它们和凝练的风味一起成为葡萄酒陈年的必要条件。

年轻红葡萄酒的色泽鲜亮，几乎是紫色

"年轻红葡萄酒有黑加仑鲜明的涩味。陈年后，会变得和谐柔顺，持久爽口。"

年份的意义

4 陈酿红葡萄酒
波尔多陈酿

外观： 中心呈鲜明的红宝石色，边缘为砖红色或瓷砖色。

在每瓶红葡萄酒中，酿酒时葡萄皮浸出的化合物会与氧气发生复杂的反应，并改变酒的色泽，留下无害的沉渣。陈年葡萄酒在品饮前通常需要静置若干小时。

香气： 非常复杂。黑加仑中带有杉木、皮革、铅笔芯和泥土的气味。

红葡萄酒陈年时，会有多种复杂的化学反应，每种都会带来独特的气味。将酒杯静置一会儿然后再看，如果品质不错的话，仍会不断释放出气味来。

如果葡萄酒已经陈年很久，取出橡木塞时应格外小心，避免弄碎

风味： 和谐但复杂。爽口的果香味。

与年轻的勃艮第红葡萄酒相比，陈年后口感更加和谐，烘烤味也会减弱。如同炖肉一样，风味会得到改变和结合。

质地： 顺滑优雅。依然鲜明，易饮性好。

葡萄酒陈年后，单宁会柔化，酸味也不会那么明显，使其口感顺滑如丝。一瓶陈年较好的葡萄酒余味悠长，吞咽后可以持续很久。

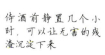

侍酒前静置几个小时，可以让无害的残渣沉淀下来

161

年份的意义

选酒

葡萄酒以其陈年的能力而闻名,但你需要牢记,并非所有的葡萄酒都会受益于此,也不是所有人都喜欢陈年后的味道。如果你打算自己陈酿葡萄酒,请确保你有一个恒温的阴暗场所;如果你要购买陈年葡萄酒,要确保你的零售商值得信赖。

如果你打算在家**陈酿葡萄酒**,需确认它可以陈年的准确时间。

1 新酿白葡萄酒
猎人谷塞米雍新酿

在酿制后的头一两年,猎人谷塞米雍葡萄酒色泽浅淡,质地紧涩单调,带有一种柠檬酸橙和青草的新鲜感。

购买建议: 尝试顶级品牌天瑞酒庄(Tyrrells)、快乐山酒庄(Mount Pleasant)和恋木传奇酒庄(Brokenwood)。

食物搭配: 在这阶段,最适合搭配海鲜。

不妨一试: 对比来自波尔多和澳大利亚西部玛格利特河产区(Margaret River region)的塞米雍和长相思调配葡萄酒。

2 陈酿白葡萄酒
猎人谷塞米雍陈酿

在瓶中陈酿10年后,猎人谷塞米雍葡萄酒的风味得到加强和改变,呈现出蜂蜜、烘烤和羊毛脂的风味,同时保持它们酸橙般的新鲜感。顶级品会持续得到改进。

购买建议: 买6~12瓶葡萄酒,然后大约每年喝一瓶,看看有什么不同,这样做会很有意思。

食物搭配: 较为浓郁、烘烤味更重的葡萄酒适合搭配白肉,如烤鸡或烤猪肉。

不妨一试: 尝试其他长期陈年的白葡萄酒,包括雷司令、勃艮第白葡萄酒和来自卢瓦尔河南非的白诗南。

年份的意义

法国阿基坦（Aquitaine）圣埃美隆（St Émilion）产区，**种植在波尔多葡萄园中的葡萄树。**

3 新酿红葡萄酒
波尔多新酿

波尔多红葡萄酒在年轻时，以欢快的果香味和鲜明的橡木烘烤味为主，单宁含量和酸度高，质地相当紧涩收敛。

购买建议：如果你想喝年轻的波尔多葡萄酒，可以试试来自超级波尔多产区（Bordeaux Supérieur）的橡木味较淡的葡萄酒，价格也更便宜。

食物搭配：烧烤红肉适合搭配这种葡萄酒的风味。

不妨一试：比较产自美国加利福尼亚州、澳大利亚和智利的赤霞珠和梅洛调配葡萄酒与年轻的波尔多葡萄酒的结构和质地。

4 陈酿红葡萄酒
波尔多陈酿

陈年波尔多红葡萄酒会在酒杯中形成复杂和谐的风味，余味悠长。质地柔软，但依然明快新鲜。

购买建议：如果你想买一瓶葡萄酒来保存，请确认你有恒定低温的阴暗场所等合适的环境。

食物搭配：鸭肉、野味和蘑菇都适合搭配陈年波尔多葡萄酒。

不妨一试：有陈年好酒历史记录的红葡萄酒产区包括优质里奥哈、巴罗洛、勃艮第、加利福尼亚州和罗讷河谷。

另类葡萄酒

有些葡萄酒另辟蹊径,采用了没有被广泛使用的传统酿酒工艺,风味极其特别,要么很辛辣,要么太甜,卓然独立于主流风格之外。

与众不同的类型

如在本书中所看到的,我们很难对葡萄酒进行归纳,因为它拥有丰富的风格类型和多样的酿酒工艺。葡萄酒的流行趋势、风味特色和酿酒方式会随着国家或地区而发生变化,不同酿酒师对于葡萄酒应该如何酿制也有不同的看法。不过即便是在浩瀚如海的葡萄酒世界中,也有那么几种与众不同的葡萄酒类型。

六种奇妙的味觉体验

在本次品鉴中,我们将会看到六种最不寻常的葡萄酒类型,每种都出自特定的产区。西班牙东北部的里奥哈产区出品的同名传统白葡萄酒,与现代的白葡萄酒相去甚远。来自意大利东北部的阿玛罗尼葡萄酒(Amarone)和西班牙南部的佩德罗·希梅内斯雪莉酒(Pedro Ximénez sherry)都采用风干的葡萄,但味道却相当不一般。法国东部汝拉产区(Jura)的黄葡萄酒(Vin Jaune)因其黄色的色泽和酵母坚果风味而得名。希腊松香葡萄酒(Greek Retsina)的酿制商们在酒中加入了松木树脂,使其带有独特的风味。而西拉子起泡葡萄酒(sparkling Shiraz)则是澳大利亚特有的红葡萄酒,气泡丰富。

值得一试

这些葡萄酒类型当然并不适合于每个人。就像蓝纹奶酪、甘草和凤尾鱼这样的食物一样,这些葡萄酒也需要慢慢适应。但是如果你大胆地尝试一次,也许会爱上它们,当然你也可能会深恶痛绝。不过至少你会惊奇地发现,单单葡萄这一种水果竟然就可以带来如此不同寻常并丰富多彩的风味。

风干的葡萄可以酿制出有趣的葡萄酒类型,如阿玛罗尼葡萄酒(Amarone)和佩德罗·希梅内斯雪莉酒(Pedro Ximénez sherry)。

品鉴环节

另类葡萄酒

1 里奥哈传统白葡萄酒
西班牙

这种葡萄酒经过长时间的桶中陈酿，色泽金黄，在当地被称为"里奥哈白葡萄酒"，充满复杂诱人的风味，可以持续数十年之久。

推荐：洛佩兹雷迪亚托多尼亚格兰珍藏白葡萄酒（López de Heredia Viña Tondonia Gran Reserva Rioja Blanco）；萨·慕里厄塔侯爵伊格特级珍藏白葡萄酒（Marqués de Murrieta Castillo Ygay Gran Reserva Rioja Blanco）。

侍酒温度：12~14℃

葡萄品种：维奥娜、玛尔维萨（Malvasia）、白歌海娜

2 黄葡萄酒
法国

这种复杂、带有坚果味的黄色葡萄酒出自汝拉产区，在橡木桶中陈年时有一层发酵菌膜。

推荐：比格尼尔酒庄黄葡萄酒（Domaine Pignier Vin Jaune）；雅克·普菲尼酒庄黄葡萄酒（Domaine Jacques Puffeney Vin Jaune）。

侍酒温度：12~14℃

葡萄品种：萨瓦涅（Savignin）

3 松香葡萄酒
希腊

这种希腊特有的葡萄酒在酿制时，会在白葡萄汁中添加松木树脂，使其带有独特的松木风味和树脂质地。

推荐：希腊INO松香葡萄酒（INO Retsina）；科尔塔克酒庄松香葡萄酒（Kourtaki Retsina）。

侍酒温度：8~10℃

葡萄品种：洒瓦滴诺（Savatiano）、阿西尔提克（Assyrtiko）、荣迪思（Rhoditis）

另类葡萄酒

4 西拉子起泡葡萄酒
澳大利亚

这种典型的澳大利亚红葡萄酒，酒体饱满，带有气泡，也是当地传统的圣诞饮品。

推荐：杰卡斯酒庄西拉子起泡葡萄酒（Jacob's Creek Sparkling Shiraz）；玛杰拉西拉子起泡葡萄酒（Majella Sparkling Shiraz）。

侍酒温度：10~12℃

葡萄品种：西拉子

澳大利亚南部

5 瓦尔波利切拉阿玛罗尼（AMARONE DELLA VALPOLICELLA）
意大利

阿玛罗尼葡萄酒采用的红葡萄，在采摘后会特意风干，是一款苦中带甜的强烈红葡萄酒。

推荐：瓦尔波利切拉艾格尼酒庄阿玛罗尼葡萄酒（Allegrini Amarone della Valpolicella）；瓦尔波利切拉昆达维尼酒庄阿玛罗尼葡萄酒（Quintarelli Amarone della Valpolicella）。

侍酒温度：16~18℃

葡萄品种：科维纳、科维诺尼、罗蒂妮拉（Rondinella）

6 佩德罗·希梅内斯雪莉酒
西班牙

佩德罗·希梅内斯葡萄酒（多简称为PX）是赫雷斯产区采用风干的白葡萄酿制而成的一种加强型葡萄酒，黏稠，呈黑色，带有糖浆般的甜味。

推荐：冈萨雷·比亚斯酒庄佩德罗·希梅内斯雪莉酒（Gonzalez Byass Noé PX Sherry）；奥斯本酒庄珍藏级佩德罗·希梅内斯雪莉酒（Osborne Venerable PX Sherry）。

侍酒温度：12℃

葡萄品种：佩德罗·希梅内斯

1 里奥哈传统白葡萄酒
西班牙

 外观： 深金色中带点儿琥珀色。

这种色泽表明它是一款陈年的白葡萄酒。与大多数白葡萄酒相比，来自西班牙东北部的传统里奥哈白葡萄酒上市销售的时间较晚。

 风味： 浓郁的蜂蜜和坚果味，有柑橘蜜饯和金合欢的风味。

传统里奥哈白葡萄酒以其"第二春"，而不是年轻时鲜明的果香味为人所青睐。采用同样的葡萄，未经橡木桶陈酿的葡萄酒在年轻时通常味道平淡。

 香气： 气味复杂，有烟草、蜂蜜和柑橘干的香气。

传统里奥哈白葡萄酒可在桶中陈酿达6年之久。如果水果成熟，并且在开始时酸度适当，会形成复杂的风味。

 质地： 余味浓郁悠长，酒体相当饱满，有质感，但轻快活泼。

酸度合适的葡萄是优质里奥哈白葡萄酒的关键所在。没有它，感觉浓烈沉滞；有它，则和谐浓郁。

"带有坚果味，复杂和谐的白葡萄酒。"

这是里奥哈监管委员会的标志，它负责管理当地葡萄酒的酿制生产

托多尼亚（Viña Tondonia）是洛佩兹雷迪亚酒庄（Lopéz de Heredia winery）旗下的一个品牌

另类葡萄酒

2 黄葡萄酒
法国

 外观： 草黄色到金黄色。
这种葡萄酒以其色泽而得名，"jaune"在法语中意为黄色。

 香气： 坚果味和咖喱般奇特的辛辣味，还有点儿蜂蜜味。
黄葡萄酒仅在法国汝拉产区酿制，其特别的酿制过程会产生大量的叫做葫芦芭内酯的化合物，有独特的葫芦巴和姜黄般的气味。

 风味： 坚果味和咖喱般奇特的辛辣味，还有点儿蜂蜜味。
黄葡萄酒在桶中陈酿时，会自然形成酵母层，使其带有坚果和酵母的风味。

 质地： 非常干，酒体饱满并持久。
黄葡萄酒的香气、风味和质地与干型菲诺雪莉酒（Fino sherry）相似，但不是加强型（酿酒时没有添加蒸馏酒精），酒精含量较低（相比雪莉酒15%以上的度数，仅为13%）。

黄葡萄酒以其独特的42L酒瓶而易于辨识

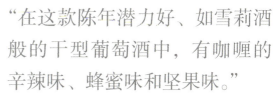

"在这款陈年潜力好、如雪莉酒般的干型葡萄酒中，有咖喱的辛辣味、蜂蜜味和坚果味。"

另类葡萄酒

3 松香葡萄酒
希腊

松香葡萄酒因其松香的希腊语称呼而得名

外观：浅草黄色。

现在大多数松香葡萄酒采用白葡萄酿制而成，也可以找到玫瑰葡萄的版本。

香气：柠檬和酸橙味中带有松针强烈的树脂味。

松香葡萄酒独特的香气来自其酿制过程，发酵前会在果汁（must，被称为未发酵的葡萄汁）中加入少许松针。

风味：新鲜的柑橘味中透出微妙的松木味。

顶级松香葡萄酒中，松木树脂味会与萨维诺（Saviatano）和阿西尔提克（Assyrtiko）葡萄的清爽柠檬味相平衡。

质地：有淡淡的树脂感，比其他清爽型干白葡萄酒更加黏稠。

与过去相比，当代松香葡萄酒的酿造者松木树脂的使用量较少，但该过程仍会使其带有圆润的树脂感。

"松木树脂味和柠檬味，这是希腊的味道。"

另类葡萄酒

和香槟酒一样，西拉子起泡葡萄酒用橡木塞经高压装瓶

4 西拉子起泡葡萄酒
澳大利亚

外观： 非常深的紫色，表面有一层慕斯气泡。

这种红葡萄酒会在瓶中或桶中经过二次发酵，产生气泡（参见130页）。

香气： 强烈的黑莓和蓝莓味，带点儿胡椒和甘草味，边缘有烘烤味。

西拉子起泡葡萄酒与澳大利亚西拉子静酒采用相同的葡萄品种。二次发酵后，与失去活力的酵母细胞（"酒泥"）接触，会产生些许烤饼干的香气。

风味： 与气味同样强烈，带点儿巧克力般的甜味。

酿酒师会在陈年后、重新安装橡木塞并上市销售前，在葡萄酒中加入少量脱硫液。传统的做法是加入甜味波特型加强葡萄酒。

质地： 酒体饱满的红葡萄酒的单宁感和浓厚感，并带有起泡白葡萄酒的漂亮气泡。

这种组合让西拉子起泡葡萄酒如此与众不同。带有气泡的酒体饱满的红葡萄酒十分罕见。

"一款奇特的澳大利亚典型葡萄酒。"

|71

另类葡萄酒

这是意大利葡萄酒质量分级系统的官方封条

5 瓦尔波利切拉阿玛罗尼
意大利

外观：深紫黑色。

阿玛罗尼葡萄酒采用风干的葡萄（在传统的柳条席上，或者特制的现代化风干室中）进行酿制，所以来自果皮的果汁较多，葡萄酒色泽深沉。

香气：丰富的深色水果味，浓厚的深色樱桃、干果和黑巧克力的气味。

由于用来酿制的葡萄经过风干，所以葡萄酒带有这些干果的气息。

风味：非常浓郁复杂。裹有深色巧克力的黑樱桃味，带点儿苦味。

苦味和甜味的对比是阿玛罗尼葡萄酒的鲜明特征，它是所使用的干果和科维纳（Corvina）葡萄的天然风味双重作用的结果。

质地：质地黏稠浓郁。浓烈但顺滑，有时还带点儿甜味。

葡萄风干后糖分浓缩，使酿出的葡萄酒度数高达17%。有时因为葡萄的糖分含量过高，以致酵母无法将其全部转化成酒精，所以使最后的葡萄酒带上淡淡的甜味。

"浓厚的风味中带有又苦又甜的黑樱桃味。"

另类葡萄酒

6 佩德罗·希梅内斯雪莉酒
西班牙

外观： 浓密不透明的黑褐色。

与阿玛罗尼葡萄酒（以及世界上其他少数的葡萄酒）一样，佩德罗·希梅内斯雪莉酒（或称为PX雪莉酒）采用的葡萄在采摘后会于太阳下晒干。

香气： 辛辣的干果蛋糕味，非常浓厚的干果味（橘子、葡萄干），太妃糖的焦糊味。

佩德罗·希梅内斯属于白葡萄酒，但风干的过程会带来暗沉的风味，通过在橡木桶中长期陈年的积累也可以获得。

风味： 糖浆和浓缩的干果糖浆的风味。

所有雪莉酒都是由陈年时间不同、年份不一的葡萄酒在索利拉（Solera）系统中调配而成的，这种系统是由一堆包含不同年份葡萄酒的酒桶组成的。

质地： 非常黏稠，味甜，感觉好像深色糖浆。

和所有雪莉酒一样，PX雪莉酒也是一种加强型葡萄酒（参见56页）。在PX雪莉酒中，酿酒师会在葡萄酒糖分含量依然很高时加入蒸馏酒精，以阻止继续发酵，酿出黏稠味甜的葡萄酒。

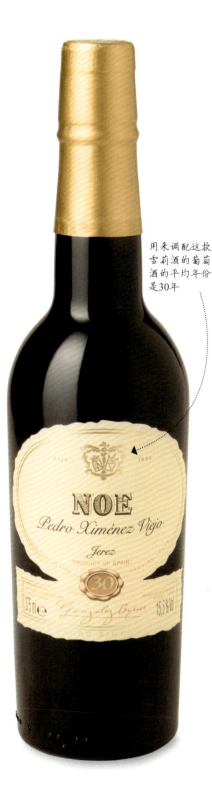

用来调配这款雪莉酒的葡萄酒的平均年份是30年

"非常甜，如蜜一般，有复杂的水果蛋糕风味。"

173

选酒

本节中我们品鉴到的许多葡萄酒风味独特,所以非常罕见。此外,它们通常都适合搭配当地的佳肴,所以在原产地之外就较少见。不过,对于你的葡萄酒之旅而言,它们非常值得一试,因为它们可以探测你的味觉极限。

1 里奥哈传统白葡萄酒
西班牙

这种来自西班牙东北部的陈年和谐的葡萄酒,属于世界上最为复杂的白葡萄酒之一,带有坚果、干果,甚至老家具的风味。

购买建议:里奥哈葡萄酒的类型多样,从酒标上看不出它的酿制工艺。对于传统里奥哈这种类型,可以尝试那些备受推崇的酿酒商,诸如穆里尔达侯爵酒庄(Marqués de Murrieta)或者洛佩兹雷迪亚酒庄(Lopéz de Heredia)。

食物搭配:适合搭配白肉、坚果和陈年硬奶酪。

不妨一试:在一些陈年的勃艮第白葡萄酒中,也有同样复杂的坚果味,如默尔索(Meursault)。

2 黄葡萄酒
法国

这种令人惊奇的黄葡萄酒来自法国汝拉产区,采用萨瓦涅(Savignin)葡萄,陈年时,橡木桶中会漂有一层酵母,带有蜂蜜和南亚香料的特色。

购买建议:采用独特的62cL酒瓶的黄葡萄酒称为"clavelin"。可以试试凯隆世家酒庄(Château Chalon)、阿尔布瓦产区(Arbois)、汝拉产区(Côtes du Jura)和艾托勒产区(l'Etoile)。

食物搭配:陈年的孔泰(Comté)奶酪和鸡肉蘑菇。

不妨一试:来自西班牙的菲诺雪莉酒(Fino sherry)和曼萨尼亚雪莉酒(Manzanilla sherry),陈年时同样有一层酵母,也有许多黄葡萄酒的美妙风味。

3 松香葡萄酒
希腊

这种新鲜柠檬味的白葡萄酒(偶尔也有桃红葡萄酒)有树脂质感和松木的气息,是未发酵的葡萄汁加入松木树脂的结果。

购买建议:优质松香葡萄酒在希腊以外十分少见。如果可以的话,在希腊找一名葡萄酒专家帮助你。

食物搭配:希腊开胃小菜,如加橄榄油和希腊鱼子酱的腌羊奶酪。

不妨一试:没有一款真正与松香葡萄酒相似的葡萄酒。可以尝试优雅的苦艾酒(一种芳香型加强酒),如法国的尚贝里(Chambèry)、诺利帕特(Noilly Prat)或利莱(Lillet),或者意大利的仙山露(Cinzano)和卡帕诺(Carpano)。

4 西拉子起泡葡萄酒
澳大利亚

这种酒体饱满的红葡萄酒采用西拉子葡萄酿制而成,通过二次发酵变为起泡酒,充满深色水果、甘草的味道,有时还带有饼干般的风味。

购买建议:西拉子起泡葡萄酒可以直接饮用,但如果陈年后,会呈现出和西拉子静酒一样复杂的皮革般的风味。

另类葡萄酒

西班牙的安达卢西亚（Andalucía）产区出产**许多不同类型的雪莉酒，并都在橡木桶中陈年。**

食物搭配： 硬奶酪，烧烤，在澳大利亚通常在圣诞晚宴上饮用。

不妨一试： 来自意大利的起泡红葡萄酒——蓝布鲁斯科（Lambrusco Rosso），但注意避免选到较廉价的超市品牌。

5 瓦尔波利切拉阿玛罗尼
意大利

阿玛罗尼是一种爽口的浓郁型红葡萄酒，带有黑巧克力和黑樱桃的特色，酿制所用的葡萄在采摘后会成捆地进行风干。酒精度数高，偶尔仅为半干。

购买建议： 顶级品会在酒标上注明"Classico"。而如果味道较甜，则会标明"Recioto"。

食物搭配： 红肉和肉酱意大利面。

不妨一试： 来自加利福尼亚州的高度仙粉黛葡萄酒，来自法国南部巴纽尔斯（Banyuls）的甜型红葡萄酒。

6 佩德罗·希梅内斯雪莉酒
西班牙

众所周知，PX雪莉酒同样采用风干的葡萄进行酿制，但会加入蒸馏酒精（使其成为加强型葡萄酒），带有浓厚的糖浆味和浓郁的水果蛋糕风味。

购买建议： 尝试标有VOS和VORS的PX雪莉酒，它们经过陈年后，浓度和平衡感俱佳。

食物搭配： 试着在香草冰淇淋上倒上一杯，使其变为口感浓郁、带有酒精味的甜点。

不妨一试： 蒙蒂勒（Montilla）附近采用佩德罗·希梅内斯葡萄酿制的风格相似的葡萄酒，或者尝试来自澳大利亚的路斯格兰麝香葡萄酒（Rutherglen Muscat），黏稠感和甜味稍弱，但依然风味丰富。

葡萄酒与食物的搭配原则

虽然葡萄酒本身就已经相当美味，但同样可以作为美食的一部分。不过，正如有些食物并不适合在一起品尝一样，也并不是每一种葡萄酒都适合与各种食物相搭配。

一些非正式的原则

关于葡萄酒与食物的搭配原则已经有了大量的文字资料，有些人太过照本宣科。其实这种搭配并不总是那么复杂，也无需担忧。事实上，二者搭配的首要原则通常就是——"随心所欲"。不过，大多数人都有过不那么愉快的味觉经历。想一想上一次你在刷牙后喝下一杯橘子汁的感受，牙膏中的薄荷与橘子汁中的酸度相互作用，真是够糟糕的。葡萄酒与食物的搭配并不总是那么不和谐，有些还是很合拍的。

避免出现糟糕反应的关键在于确定食物的主要风味，然后依次来选酒。如果食物酸味重，那么选择的葡萄酒也应如此。如果食物味甜，那么搭配的葡萄酒也要有些糖分。另一点是需要考虑风味和质地。有些搭配组合很棒，因为葡萄酒与食物的风味相似。其他的我们也可以做个对比，就像菜单上一样。

在本节中，我们将会探究不同类型的葡萄酒与一些常见食物的相互作用，目的在于体验，并找到你的所爱，发现一些你自己的搭配原则。你最需要记住的是，食物与葡萄酒的搭配不是一门科学，或者艺术，它只是尝试不同组合，发现适合你个人口味的搭配。让我们来享受它们吧！

葡萄酒与奶酪是经典的风味组合。但哪种葡萄酒可以突出你的奶酪，或哪种葡萄酒会掩盖奶酪，或者被其所遮掩？

葡萄酒与食物的搭配原则

品鉴环节

如果你希望给晚宴来点儿花样,这将是有趣并且有效的品鉴方式。首先,你需要六瓶葡萄酒,对应六种常见的葡萄酒类型。然后准备一些食物,下面的每一组各一道菜。每人只需少量即可。

1 鱼与海鲜
像烤虾或者清淡的白鱼(如比目鱼)这样简单的食物。

2 白肉
烤鸡,或者经过黄油、盐和调味料烹饪过的鸡腿。

3 辛辣食物
与辣椒和香菜一起煮的蔬菜面。

4 红肉
炭烤牛排或烤牛肉。

5 奶酪
蓝纹奶酪、奶油奶酪、白菌奶酪和黄色硬奶酪各一片。

6 甜点
苹果馅饼或者苹果塔。

在本次品鉴中,试着将每种食物与六种葡萄酒一一搭配。从鱼开始,然后按照下面两页的顺序依次品尝每一种葡萄酒。请记住,这里仅仅只是味道与风味搭配方式的建议。味觉的主观性很强,一个人如食甘饴,对另一个人而言则可能糟糕透顶。

清爽型干白葡萄酒

尝试歌兰酒庄密斯卡岱干白葡萄酒(Fief Guérin Côte de Grandlieu Muscadet-Sur-Lie,参见42页),或者夏布利威廉费尔酒庄(William Fèvre Chablis)。

馥郁型干白葡萄酒

尝试索诺玛卡特雷酒庄索诺玛海岸霞多丽白葡萄酒(Sonoma Cutrer Sonoma Coast Chardonnay,参见116页),或者拉博丝特酒庄卡莎亚历山卓霞多丽白葡萄酒。

葡萄酒与食物的搭配原则

> "典型的葡萄酒可以突出经典的佳肴,不过个人的味觉通常才是最终的裁决者。"

微甜型白葡萄酒
尝试阿尔萨斯保罗子恩科酒庄(Masion Paul Zinck)或者阿尔萨斯贺加尔酒庄(Hugel)的琼瑶浆白葡萄酒(Gewürztraminer)。

新鲜果香型红葡萄酒
尝试布鲁依坡(Côte de Brouilly)的亨利菲斯酒庄(Henry Fessy,参见53页)。

馥郁强烈型红葡萄酒
尝试塔布拉斯湾的塔布拉斯红葡萄酒(Tablas Creek,参见55页),或者纳帕谷蒙大维酒庄珍藏级赤霞珠红葡萄酒(Mondavi Cabernet Sauvignon Reserve)。

馥郁型甜白葡萄酒
尝试克里蒙酒庄副牌(Cyprès de Climens,参见46页),或者苏玳旭金堡酒庄副牌(Les Lions de Suduiraut Sauternes)。

葡萄酒与食物的搭配原则

1 鱼与海鲜

清爽型干白葡萄酒

完美的搭配。葡萄酒清爽的柠檬味如同刚挤出的柠檬汁，巧妙提升了鱼的鲜味，而不会盖过它，同时微妙的鱼味使酒味如同歌唱一般。

馥郁型干白葡萄酒

还行的搭配。与前者一样，这种酒也有足够的酸度，但橡木味和黄油味稍显强烈，有可能会盖过清淡的鱼菜。

微甜型白葡萄酒

鱼味会完全被其独特的花香味、强烈的酒体和淡淡的糖甜味所遮掩。

鳕鱼排和其他清淡的鱼，如黑线鳕、比目鱼或鲽鱼，与清爽型干白葡萄酒是绝配。

新鲜果香型红葡萄酒

令人惊奇的巧妙搭配。许多人依然相信红葡萄酒不适合和鱼搭配，但这种类型的葡萄酒有淡淡的单宁和清爽的酸度，事实上是不错的搭配，特别是在10℃下冷却后再侍酒，这样可以减弱单宁的影响。如果搭配味重的鱼菜，可以像馥郁型干白葡萄酒一样，表现得更棒。

馥郁强烈型红葡萄酒

葡萄酒中强劲的单宁感和鱼油相互作用后，产生令人生厌的金属味。

馥郁型甜白葡萄酒

酸度和单宁都没有问题，但强烈的蜂蜜味和甜味会完全掩盖住精致的鱼味。

对虾是用途多样的海鲜，在许多世界名菜和各类美食中扮演着重要角色。

2 白肉

清爽型干白葡萄酒
不算太糟。葡萄酒的酸度会穿透肉的脂肪和黄油，口感纯净。不过其浓郁的风味和脂肪也会盖过葡萄酒的精致风味。

馥郁型干白葡萄酒
同类中的绝配。和清爽型干白葡萄酒一样，其中的酸度同样会穿透浓郁的风味，口感纯净，但它的酒体和浓烈感更强，会盖住脂肪和黄油味，与这些菜色完满搭配在一起。

微甜型白葡萄酒
让人又爱又恨的组合。食物的油腻感和葡萄酒的酒体十分同步，但酒中的酸度不足以穿透肉质的脂肪。而酒香是另一种愉悦（像果味调味品），还是多余的部分（像果味调味品），则取决于个人的喜好。

新鲜果香型红葡萄酒
另一种很好的搭配。葡萄酒中有纯净的酸度和恰到好处的酒体，可以匹配食物的厚重感和油腻感。

馥郁强烈型红葡萄酒
不适宜的搭配。食物不够油腻，无法匹配这种类型葡萄酒的强烈感和单宁感，而肉中较为清淡的风味会被黑色水果味所遮掩。

馥郁型甜白葡萄酒
还行的搭配。葡萄酒金黄色的色泽与鸡皮的金黄色相匹配，像半干型白葡萄酒一样，甜味和黏性的作用有点儿像甜味调味品。也许对于较为清淡的鸡胸肉，葡萄酒会因为太浓郁而过于突出。

在你的食物中**进行大量调味**，如柑橘味或蒜味，同样也会影响它与你选择的葡萄酒之间的搭配。

3 辛辣食物

清爽型干白葡萄酒

酒对食物的作用很棒。和鱼菜一样，此类酒中柑橘般的酸味如同刚挤出的青柠汁一样。青柠是东南亚美食的常见食材，所以这种酒可以突出这种菜色。不过，食物对于酒的作用则不那么理想了，酒中微妙的风味完全迷失在辣椒的灼热感中。

馥郁型干白葡萄酒

这种搭配凑合，但不算很好。酒中的热带水果味（如菠萝或香蕉）可以增添风味，但同样的，在食物中辣椒过于强烈的灼热感下，几乎感觉不到葡萄酒的味道。

微甜型白葡萄酒

绝配。琼瑶浆葡萄酒的风味简直就是带有荔枝、生姜和高良姜的亚洲美食本身。但这种葡萄酒的关键在于糖分，它会掩盖并减弱辣椒的影响。这也是为什么棕榈糖是泰国菜中的常客的原因。

新鲜果香型红葡萄酒

完全行不通。在这种组合里，辣椒带来的问题更严重，它会毁掉酒中的果香味，反而增加它的单宁和酸度。让人有点儿受不了。

馥郁强烈型红葡萄酒

简直是食物和葡萄酒的战斗！辣椒的灼热感同样让你感受不到酒中的果味，比前面的新鲜果香型红葡萄酒还要糟糕，让葡萄酒尝起来乏味，单宁感让人生厌。

馥郁型甜白葡萄酒

虽然不如半干型白葡萄酒那样诱人，但也是很棒的搭配。酒中有大量的糖分可以平衡辣椒的味道，所以你依然可以品尝到美酒的果香味。不过如果食物中含有较清淡的也是十分常见的食材香菜叶，那么这种酒的质地可能会变得有点儿太黏稠了。

亚洲面条通常辣味十足，并有其他如蒜、姜、柑橘和香菜一类的风味。

葡萄酒与食物的搭配原则

4 红肉

清爽型干白葡萄酒
这种搭配会让葡萄酒索然无味。虽然这种葡萄酒足够清新怡神,可以和食物一同咽下,但它的微妙质地会被浓烈油腻的肉汁所淹没。

馥郁型干白葡萄酒
比上面的清爽型干白葡萄酒好多了。它有足够的酒体可以匹配肉中的油脂。如果葡萄酒(比如霞多丽)稍经陈年的话,效果最佳,并呈现出一些美味的菌菇般的风味,可以凸显牛肉的味道。

微甜型白葡萄酒
另一种诱人的搭配。和馥郁型干白葡萄酒一样,这类酒有丰富饱满的酒体,可以匹配肉中强烈的风味和质感,但它也会增加一种迷人的亚洲香料味,让牛肉仿佛用姜汁腌制过一般。

新鲜果香型红葡萄酒
夏日佳配。这种类型的葡萄酒中有充足的酒体和单宁,使其不会被强烈的肉香味所掩盖,同时爽口的酸味会在油腻感后保留纯净的口感。

这样一款重口味且多肉的牛肉美味,可以和各式各样的葡萄酒进行惊奇的搭配,甜型或干型都可以。

馥郁强烈型红葡萄酒
一种你早已在当地牛排馆里所熟悉的经典搭配。烤肉中的油脂与葡萄酒中的酸味完全融合在一起,让酒感更加柔和。酒中丰富的深色水果味可以呼应牛排的血腥感。

馥郁型甜白葡萄酒
传统搭配,但因为甜酒不再像一个世纪前那么流行了,所以现在几乎绝迹了。如果是烤制的熏腊肉,简直就是绝配,饱满的酒体连同浓稠的果味与美味油腻的嫩肉相得益彰。

5 奶酪

清爽型干白葡萄酒

很适合搭配这种软质奶酪。葡萄酒和奶酪都有高酸度和精致的风味。不过蓝纹奶酪和车达（Cheddar）奶酪的风味可能会过于强烈，淹没了雅致的酒味。

馥郁型干白葡萄酒

百搭的选择。馥郁型干白葡萄酒有充足的酸度可以搭配软质奶酪、白奶酪，橡木味和黄油味与车达奶酪相得益彰。不过蓝纹奶酪会因为味道过重和太咸，而掩盖了酒的风味。

微甜型白葡萄酒

咸甜搭配。让人想起奶酪的甜味和腌菜的咸味的组合。这种葡萄酒带有淡淡的甜味，也有同样的作用，并且有足够的酒体和浓郁度，可以匹配味浓的奶酪。

新鲜果香型红葡萄酒

很适合搭配奶酪。得益于高酸度，新鲜果香型红葡萄酒可以匹配大多数奶酪的酸味。

馥郁强烈型红葡萄酒

不推荐。浓烈强劲的红葡萄酒单宁含量高，与奶酪中的脂肪极不协调，有种金属的感觉。

馥郁型甜白葡萄酒

很适合搭配部分奶酪。浓郁型甜白葡萄酒与蓝纹奶酪和硬奶酪搭配时，可以展示自我的风味，但对软质奶酪而言，就有些太强烈了。丰富的酸度和酒体与果甜味形成和谐的对比。

一份传统的奶酪拼盘通常包含了各式各样的软质奶酪和硬奶酪，混合了强烈且微妙的风味。

葡萄酒与食物的搭配原则

6 甜点

清爽型干白葡萄酒
绝对不行。这种葡萄酒无法匹配甜点的强烈风味或甜味，尝起来寡淡酸涩。

馥郁型干白葡萄酒
不算好，但好过清爽型干白葡萄酒。这种搭配风味非常和谐，经橡木桶陈年的霞多丽葡萄酒有和馅饼相似的黄油味和果香味，但甜点中的糖分会让酒感过干。

微甜型白葡萄酒
感觉更好些。浓郁度和果味很好地搭配在一起（想想经姜汁调味过的苹果）。不过酒中的甜味不够，甜点中的糖分会让酒感有些粗糙。

新鲜果香型红葡萄酒
甜与干的问题。干型葡萄酒与甜食搭配时，口感粗糙。而与红葡萄酒搭配，甜点同样也会累积单宁和酸度。

馥郁强烈型红葡萄酒
比上面微甜型白葡萄酒要糟糕些！馅饼的甜味会使新鲜果香型红葡萄酒中的单宁更加突出，遮住了酒中的果香味，有令人不悦的收敛感。

苹果制成的甜点平衡了甜味与酸味，所以最适合与风味相似的葡萄酒进行搭配。

馥郁型甜白葡萄酒
毫无疑问的胜出者。这种类型的葡萄酒被称为餐后甜酒绝非巧合。只有酒中的糖分含量相当，才能匹配甜点中的甜味。不过甜酒中的酸度也要恰到好处，否则就成了一场甜味的独角戏。事实上，甜点本身有个简单但行之有效的原则：苹果馅饼中的糖分需要通过苹果的酸味来平衡。

食物与葡萄酒搭配表

下面两页的表格可以帮助你快速了解食物与葡萄酒合理搭配的一些基本原则，不过记住它们只是建议，你的个人口味才是最关键的。

食物类型	白葡萄酒				
	清爽型干白葡萄酒	果香型干白葡萄酒	馥郁型干白葡萄酒	微甜型白葡萄酒	馥郁型甜白葡萄酒
烟熏类食物	●●●	●●●		●	
辛辣味食物		●		●●●	●●
咸味食物	●●●			●●●	●●
油腻的和奶油味的食物	●●	●●●		●●●	●●
清淡的鱼和贝类食物	●●●	●●●			
多肉的鱼		●●	●●●	●	
家禽			●●●	●	
野味					
红肉				●	●
炖菜和砂锅菜					
硬奶酪			●●●	●●	●●●
蓝纹奶酪		●	●●		●●●
软质奶酪和奶油奶酪	●●●				
烤鱼	●●	●●●	●●		
烤肉			●●		●
冷盘肉熟食		●●		●	
蔬菜	●●	●●	●●	●●	
意大利面与比萨	●●	●●			
鸡蛋菜肴		●			
甜点				●●	●●●

葡萄酒与食物的搭配原则

图例		
●●● 不宜	●● 适宜	
● 可接受	●●● 绝配	

红葡萄酒和桃红葡萄酒

食物类型	淡雅型/新鲜果香型红葡萄酒	顺滑果香型红葡萄酒	馥郁强烈型红葡萄酒	甜味加强型红葡萄酒	桃红葡萄酒
烟熏类食物	●●●	●●	●●●		●●
辛辣味食物	●				●●
咸味食物	●●			●●	●●
油腻的和奶油味的食物	●●●				●●
清淡的鱼和贝类食物	●●●	●			
多肉的鱼	●●				●●
家禽	●●●	●●●			
野味	●●●	●●	●●●		
红肉	●●●	●●●	●●●	●	
炖菜和焙盘菜					
硬奶酪				●●●	
蓝纹奶酪	●			●●●	
软质奶酪和奶油奶酪	●●				
烤鱼	●●●	●			●●●
烤肉	●●	●●●	●●		
冷盘肉和熟食	●●	●●●			●●
蔬菜	●●	●●			●●
意大利面与比萨	●●	●●●			
蛋菜					●●
甜点				●●	●

索引

A

阿尔巴利诺26，47，76，146
　　下海湾93，97，101
阿尔萨斯66，74
　　琼瑶浆66，69，75，77，179
　　雷司令41，66，121
阿根廷78，128，129
　　马尔贝克88，122，141，144–145，147
阿里高特47，76
阿玛罗尼164，167，172
阿内斯47
阿斯蒂气泡葡萄酒136
阿瓦里诺101，150
阿西尔提戈47
埃尔金（南非）71
艾格尼科89，113
安茹桃红葡萄酒63
奥地利66
　　绿维特利纳93，98
奥格拉维特级红葡萄酒48
澳大利亚
　　巴罗萨谷84，113
　　赤霞珠78，113，128
　　霞多丽100，120
　　歌海娜81，86，89
　　猎人谷塞米雍156–159，162
　　慕维得尔89
　　黑皮诺78，129
　　雷司令66，115，118，121
　　西拉子78，89，122，123，125，128
　　起泡葡萄酒130
　　丹魄78
　　维欧尼44，47，154

B

巴巴多瑞斯柯102，113
巴罗洛57，102，105，110，113，163
巴罗萨谷（澳大利亚）84，113，123，125
巴纽尔斯57
巴西利卡塔113
白葡萄16

品种66–77
白胡椒味27，86，98
白葡萄酒12，16，32
　　选酒47，76–77，100–101，120–121
　　气候148–151，154
　　清爽型干葡萄酒10，12，38，40，42，47，178–186
　　欧洲经典白葡萄酒90–101
　　风味/香气26–27，32
　　食物搭配47，76–77，100–101，120–121，178–186
　　果香型干白葡萄酒38，40，43，47
　　新世界114–121
　　半干型38，41，45，47，66，96，101，179–186
　　浓郁型干葡萄酒12，38，44，47，66，178–186
　　里奥哈47，76，164，166，168，174
　　品种38–47
　　品鉴32，36，40–41，68–75
　　未经橡木桶陈酿/橡木桶陈酿140–143，146
白诗南47，66
　　陈酿162
　　卢瓦尔河谷69，73，77
　　南非115，119，121
白谢瓦尔葡萄135
邦多勒89
贝尔热拉克113
贝普狄宾纳47
比埃村（桑塞尔）100
冰酒15，46
冰桶12
波尔多82，104，107，112
波尔多红葡萄酒，参见波尔多
波美侯88
波特酒13，51，56，57
勃艮第66，102，104，106，112
　　夏布利90，94
　　霞多丽70，90，92
　　黑皮诺102，104
　　红葡萄酒78，163
　　白葡萄酒90，92，94，162，174

勃艮第干红112
博纳丘112
博若莱50，53，57，147，155，179
不常见的酒164–175
不锈钢桶43
不锈钢桶43，60，71，95，117，140，158
布尔格伊155
布尔丘113
布鲁斯科红葡萄酒175

C

采摘葡萄15，60
踩葡萄56
餐后甜酒38，41，46
　　苏玳41，46，47，179–186
茶23，29
查维尼奥（桑塞尔）100
产区90
沉淀物13，161
沉淀物16，17，35
陈年53，107，111，156–163，166
赤霞珠57，78
　　调酿163
　　波尔多102，160
　　加利福尼亚州122，124，128，179
　　智利78，80，82，88，128
　　橡木桶陈年147
　　华盛顿州128
储藏酒156，162
长相思24，26，47，66
　　调配162
　　新西兰66，95，115，117，120，122
　　橡木桶陈酿/未经橡木桶陈酿140–143，146
　　桑塞尔92，95，100–101
　　南非68，71，76

D

丹娜89，129
丹魄78，81，87，89，102
单宁20，23
　　陈年过程160
　　巴罗洛110

赤珠霞78
红葡萄酒33，36，48，54，55
德国
　　摩泽尔河谷92，96，101
　　雷司令66，72，92，96，101
　　斯贝博贡德52，112
　　气泡葡萄酒130，137
地区90
　　欧洲红葡萄酒102–113
　　欧洲白葡萄酒90–101
都兰101
杜埃罗河岸89，102，113
杜罗河谷（葡萄牙）51，56，89，102
多姿桃57，147，155

E

俄勒冈州（美国）74，78，112
　　黑皮诺81，85，129
二氧化硫16
二氧化碳16，17，35，150
二氧化碳浸渍法29，53

F

发酵16，17，33，45
苹果酸17，70，159
二次发酵16，35，130，171
法尔兹121
法国66，77，78
　　波尔多104，107，112
　　勃艮第104，106，112
　　夏布利92，94，100
　　香槟130，132，136
　　白诗南121
　　罗讷河104，108，113
　　桑塞尔92，95，100–101
　　黄葡萄酒164，166，169，174
法国中级酒庄分级制113
防腐剂16，17
酚类物质32
粉仙үм（加利福尼亚州）
　　红葡萄酒128，149，153，155
　　白葡萄酒59，62，63
弗雷乔40，43
弗拉斯卡蒂白葡萄酒77
弗朗齐亚柯达气泡葡萄酒136
弗留利101
弗马家族夜丘112
福尔明77

G
干型葡萄酒101
钢味27, 45, 72, 92
哥伦比亚谷(华盛顿州)72
歌海娜61, 63, 78
　澳大利亚南部81, 86, 88
歌海娜78, 108
　澳大利亚南部81, 86, 88
格德约葡萄101
格拉大146
格兰坪(澳大利亚)128
格雷拉葡萄133
购买案例162
古纳华拉(澳大利亚)128
灌装16, 17
罐内二次发酵法(查马法)
　130, 131
贵腐霉(灰葡萄孢菌)15, 46
国产多瑞加89
果味20, 114
　红葡萄酒33, 48, 126,
　153, 160
　桃红葡萄酒34
　未经橡木桶陈酿的葡萄酒
　142, 144
　白葡萄酒38, 43
过度种植74, 83

H
海拔43, 154
海鲜38, 178, 180
汗味27, 43
黑胡椒味29, 78, 84, 89,
　108
黑皮诺28, 57
　香槟130
　新西兰122, 123, 126,
　129
　俄勒冈州81, 85, 129
　红葡萄酒78, 102, 106,
　129
　桃红葡萄酒63
　斯贝博贡德50, 52
黑葡萄17, 33, 34, 36
红酒杯11
红葡萄17, 78~89
红葡萄酒17, 33
　冷却48
　选酒57, 88~89,

112~113, 128~129
气候149, 152~153, 155
欧洲经典红葡萄酒
　102~113
味道/香气28~29, 33
食物搭配57, 88~89,
　112~113, 128~129,
　178~186
新鲜果香型48, 50, 53,
　57, 179~186
淡雅型13, 48, 50, 52, 57,
　70
新世界经典红葡萄酒
　122~129
橡木桶陈酿/未经橡木桶
　酿141, 144~145, 147
浓烈13, 48, 51, 55, 57,
　78, 82, 179~186
顺滑果香型48, 50, 54, 57
起泡164, 167, 171, 175
类型48~57
品鉴33, 36, 50~51,
　80~87
胡米利亚89
珊瑚葡萄77, 121, 154
华盛顿州120, 128
梅洛80, 83, 88
　雷司令68, 72, 77
黄葡萄酒164, 166, 169,
　174
灰皮诺47, 66, 101
　意大利北部69, 74, 77
　俄勒冈州81, 85
灰皮诺47, 66, 74, 77
灰葡萄孢菌15, 46

J
鸡肉181
基安蒂51, 57
吉恭达斯89, 113
加利福尼亚州154, 163
　赤珠霞78, 88, 113, 122,
　124, 128, 179
　霞多丽66, 114, 116, 120
　白诗南121
　黑皮诺78
　起泡葡萄酒136
　西拉51, 55, 57, 179
　维欧尼120, 154

白仙粉黛59, 62, 63
仙粉黛149, 153, 155
加利洛(加利福尼亚州)154
加利西亚101
加强型葡萄酒12, 48
　波特酒51, 56, 57
　雪莉酒164, 167, 173,
　175
佳美娜88
佳美葡萄50
佳维47
坚果味27, 143, 169
搅桶116
教皇新堡89, 102, 113
窖藏156
酵母16~17
酒杯8, 10~11
酒精度20, 23
　红葡萄酒54, 55, 86, 125,
　153
　白葡萄酒44, 45, 150, 158
酒泥42
旧桶95
　红葡萄酒54, 55, 87, 111,
　124, 127, 141, 144~145,
　147, 160
　白葡萄酒44, 70,
　140~143, 146, 166

K
卡奥尔马贝克127, 129
卡尔卡耐卡葡萄77, 99, 101
卡斯蒂永丘113
卡瓦酒130, 131, 134, 136
凯安娜Cairanne113
坎帕尼亚113
科尔纳斯113
科罗纳干红葡萄酒48
科瑞芒137
克莱尔谷雷司令118, 121
克罗地亚155
克罗兹·埃米塔日113
矿物味27, 92, 94
昆西101

L
拉曼恰81, 87, 89
拉斯多113
莱茵高101

莱茵黑森101
朗格多克113
　气泡葡萄酒137
　西拉/西拉子80, 84, 89
　维欧尼149, 151, 154
勒伊101
雷司令27, 45, 47, 66, 146
　陈年162
　澳大利亚115, 118, 121
　摩泽尔92, 96, 101
　华盛顿州68, 72, 77
类型
　新世界114
　红葡萄酒48~57
　桃红葡萄酒58–63
　不常见的酒164~175
　白葡萄酒38–47
冷藏酒12, 13
冷冻葡萄15
冷却葡萄12, 48
里奥哈57, 78, 89, 147
　陈酿163
　经典红葡萄酒102, 105,
　111, 113
　白葡萄酒47, 76, 164,
　166, 168, 174
利达谷(智利)129
利穆·布朗克特137
猎人谷塞米雍121
新酿/陈酿156~159, 162
零食9
卢埃达43, 47
卢瓦尔河谷66, 71
　品丽珠149, 152, 155
　白诗南69, 73, 77, 162
　桑塞尔90, 92, 101
　长相思114
罗第丘113
罗纳河谷113
罗讷河谷163
　经典红葡萄酒102, 104,
　108, 113
　歌海娜89
　西拉78, 89
　维欧尼154
　白葡萄酒76
罗萨多(西班牙)59, 61, 63
螺旋口瓶盖118
绿酒47, 148, 150, 154

189

绿维特利纳27, 47, 76, 92, 98

M
马丁堡（新西兰）129
马尔堡117, 129
马尔贝尔
　阿根廷122, 123, 127, 129
　橡木桶陈酿/未经橡木桶陈酿141, 144~145, 147
马尔萨纳47, 77, 121, 154
马孔101
玛格丽特河（澳大利亚）162
麦嘉伦谷（澳大利亚）125
盲品9, 36
梅洛57, 78
　调配78, 83, 102, 163
　智利50, 54, 57
　华盛顿州80, 83, 88
美国，参见加利福尼亚州，俄勒冈州，华盛顿州
门多萨（阿根廷）123, 127, 129
蒙巴齐亚克47
蒙达奇诺·布鲁奈罗102, 113
蒙特布查诺57, 102, 113
米勒·图高77
密度48
密斯卡岱42, 47, 154, 178
蜜桃红桃红葡萄酒63
摩泽尔河谷72, 154
　雷司令92, 96, 101
莫里57
莫尼耶皮诺130
莫斯卡托阿斯蒂47, 136
默尔索100, 174
默讷图萨隆101
木头味27, 29, 82
慕维得尔葡萄89, 108

N
那赫101
纳比奥罗29, 88, 102, 105
纳帕谷（加利福尼亚州）88, 122, 128, 148
纳亚酒庄43
奶酪178, 184

南非122
　品丽珠129
　开普经典130
　白诗南66, 73, 115, 119, 121, 162
　长相思66, 68, 71, 76, 114
　西拉子78, 89, 128
泥土味52, 161
黏性30, 31
酿酒16~17, 32, 114
柠檬汁22, 23
牛排183
牛肉/牛排183

O
欧洲经典红葡萄酒102, 105, 109, 113
欧洲经典葡萄酒90~113

P
帕特雷黑月桂葡萄酒
佩德罗·希梅内斯雪莉酒164, 167, 173, 175
品鉴30~31
　酒类的差异36
　红葡萄酒33, 50~51, 80~87
　桃红葡萄酒34
　气泡葡萄酒35
　测试22-23
　白葡萄酒32, 40~41, 68~75
品鉴要素20
品酒会8~9
品丽珠57, 102, 129
　卢瓦尔河149, 152, 155
苹果塔185
葡萄16, 17
　黑葡萄17, 33, 34, 36
　葡萄干164
　早熟42
　冷冻15, 46
　种植14~15
　收获15, 60
　成熟度117
　踩踏56
　品种66~89, 114
　白葡萄32, 36

葡萄酒术语24
葡萄皮16, 17, 32, 33, 46, 48, 54
　与气候151, 152
葡萄品种的特色66, 78
葡萄树126
葡萄糖16, 17, 20
葡萄牙
　阿尔巴利诺101
　杜罗河谷51, 56, 89, 102
　国产多瑞加89
　绿酒47, 148, 150, 154
葡萄园14~15, 51, 90, 154
普拉瓦茨马里155
普里米蒂沃155
普里欧特89, 113
普罗旺斯89
　普罗旺斯桃红葡萄酒59, 60, 63
普罗旺斯桃红葡萄酒59, 60, 63
普洛赛克130, 131, 133, 136
普伊·富美101

Q
起泡葡萄酒（南非）130
气候148~155
气泡35, 130, 150
气泡葡萄酒16, 130~137
　外观35
　选酒136~137
　风味/香气26~27, 35
　食物搭配136~137
　侍酒10, 12
汽油味27, 72, 96
青味/香气26, 29, 66, 82, 95
琼瑶浆47, 66
　阿尔萨斯69, 75, 77, 179

R
肉类178, 181, 183
汝拉164
乳酸17, 70, 159
软木塞16, 161

S
萨瓦涅77

塞米雍47, 77
　调配162
　新酿/陈酿121, 156~159, 162
桑娇维塞28, 89, 102, 105, 109
桑塞尔63, 112
　经典白葡萄酒90, 92, 95, 100
桑塔丽塔58
色泽30, 31, 159, 161
涩味20, 23, 61
莎斯拉47
烧烤味/香气27, 29, 116, 140, 160
舌头20, 23
麝香葡萄酒77, 175
圣埃美隆48, 88, 163
湿石味27, 29, 72, 96
食物搭配174~175, 176~187
　橡木桶陈酿葡萄酒146~147
　红葡萄酒57, 88~89, 112~113, 128~129, 155
　气泡葡萄酒136~137
　白葡萄酒47, 76~77, 100~101, 120~121, 154
　新酿葡萄酒/陈酿葡萄酒162~163
侍酒11, 12
侍酒12~13
室温13
熟成16, 17
斯贝博贡德50, 52, 57, 112
松香葡萄酒164, 166, 170, 174
苏玳41, 46, 47, 179
酸度20, 22, 23
　陈年过程159, 160
　红葡萄酒52, 78
　白葡萄酒32, 42, 94, 95
索阿维47, 77, 93, 99, 101
索米尔尚比尼155
索诺玛县148, 155

T
塔斯马尼亚州129, 136
糖分16, 17, 22, 23

桃红葡萄酒17
　味道/香气34
　挑选63
　色泽34，58
　干脆58，59，60，63
　食物搭配61，63
　酒体中等的干型葡萄酒58，59，61，63
　甜度适中58，59，62，63
　半干型63
　品饮17
　类型58~63
　质地34
桃葡萄酒34
　未经橡木桶陈酿的酒144
　酿酒16，17
　焦油味/香气29
特雷比奥罗葡萄77，99，101
特宁高57
特浓情葡萄77
天气14~15，154
甜点178，185
甜度20，22，23
　冷冻葡萄15
　白葡萄酒38
　西万尼77
调配78，102
　赤珠霞78，88
　白葡萄酒66
　新酿/陈酿157，160~161，163
　调配葡萄酒83，101
　波尔多78，102，160
　香槟葡萄酒136
托卡伊47
托罗89，113
托斯卡纳51，113
　赤珠霞78
　基安蒂109
　桑娇维塞89，102

W
瓦波利切拉57，155
威拉姆特河谷（俄勒冈州）81
维蒂奇诺47，76，101
维欧尼26，77
　澳大利亚44，47
　加利福尼亚州120

朗格多克149，151，154
未经橡木桶陈酿的白葡萄酒
　味道24~29，30，31
　复合物156
　味而多102，160
　味觉20~23
　温度12~13
乌拉圭：丹娜88，129

X
西班牙
　阿尔巴利诺26，47，76，93，97，101，146
　卡瓦130，131，134，136
　加利西亚101
　慕维得尔89
　下海湾93，97，101
　里奥哈57，78，89，102，105，111，113，147
　罗萨多59，61，63
　雪莉酒164，167，173，175
　丹魄78，81，87，89
　里奥哈白葡萄酒47，76，164，166，168，174
西拉57，78，108
　加利福尼亚州51，55，57，179
　风味/香气29
　朗格多克80，84，89
　另参见西拉子
西拉子164，167，171，173
　品尝35，36
　质地35
　绿酒150
西拉子57，78
　澳大利亚122，123，125，128
　朗格多克80，84，89
　南非78，89，128
　起泡164，167，171，173
西斯寇特（澳大利亚）128
希腊
　热西娜164，166，170，174
　希诺玛洛89
希农155
希诺玛洛89
霞多丽47，66，100，178

加利福尼亚州66，114，116，120
夏布利90，92，100
香槟130
智利68，70，76
橡木桶陈酿146
下海湾154
　阿尔巴利诺93，97，101
　夏布利47，66，76，100，154，178
　欧洲经典白葡萄酒90，92，94
咸味29，161
香槟130，132，136
香槟130，137
香槟杯10
香草味29，124，140
香气24~29，31，161
橡木陈酿16，17，140~147
橡木桶16，17，33，44，54，55，70
橡木桶陈酿140
橡木味/橡木香气27
辛辣食物178，182
新世界
　经典红葡萄酒122~129
　经典白葡萄酒114~121
新西兰
　霞多丽100
　灰皮诺66，74
　黑皮诺78，122，123，126，129
　雷司令66
　长相思66，95，115，117，120，140~143，146
　西拉子78
　南岛154
　气泡葡萄酒136
　西拉89
醒酒12，13，20
　红葡萄酒13，48
　桃红葡萄酒34
　白葡萄酒12，32，38
醒酒13
杏仁味/香气27，99
嗅觉20，24
嗅觉20，30，31
雪莉酒174
　佩德罗·希梅内斯164，167，173，175

Y
牙齿20，23，33
亚洲面条182
烟熏味55，143
羊脂味159，162
氧气13，44，143，145
　陈酿过程156，159，161
伊顿谷雷司令121
乙醇16，17
意大利
　艾尔尼科89
　阿玛罗尼101，167，173
　巴罗洛105，110，113
　基安蒂105，109，113
　北部102，164
　灰皮诺66，69，74，77
　普洛赛克130，131，133，136
　索阿维93，99，101
　南部89，113，155
英式气泡葡萄酒130，131，135，137
余味31，161
鱼/海鲜38，178，180
御兰堡酒庄44

Z
榨汁16，17
摘绿15
珍藏101
质地20，31
　气泡35
　丰腴38
　红葡萄酒33
　单宁感测试23
　浓烈44
质量20，30，34
智利66，88，122
　赤珠霞78，80，82，113，128
　霞多丽68，70，76，120
　梅洛50，54
　黑皮诺78，129
　西拉子78
中奥塔哥（新西兰）129
朱朗松47
装瓶16，17
自流汁17

191

作者简介

大卫·威廉姆斯（David Williams）是《观察家报》（Observer）的葡萄酒专栏记者，获奖期刊《精品葡萄酒世界》（The World of Fine Wine）的副总编，荐酒网站www.thewinegang.com五人小组的成员之一。他从事葡萄酒写作及相关工作已有15年。

致谢

图片来源：

DK公司感谢皮特·安德森（Peter Anderson）拍摄了新照片。
所有图片版权归DK公司所有。
登录www.dkimages.com以获取更多信息。

作者致谢

感谢我的家人：Claudia、Raffy和Mathilde。

DK出版公司致谢：

感谢维特罗斯酒庄（Waitrose Wine）的Bethan Davies，英国冈萨雷斯·比亚斯酒庄（Gonzalez Byass UK Ltd）的Lucie Johnson，利伯蒂酒庄（Liberty WIne）的Nicola Lawrence，W通讯（W Communications）的Alex Messis，里美公关公司（Limm PR）的Kate Sweet和亚普兄弟（Yapp Brothers）的Jason Yapp提供酒瓶进行拍摄。
Leah Germann制作了地图。

英国分公司

设计助理：Joanne Doran、Vicky Read
编辑助理：Helen Fewster、Holly Kyte
DK图库：Claire Browers、Freddie Marriage、Emma Shepherd、Romaine Werblow
索引制作：Chris Bernstein

印度分公司

设计助理：Ranjita Bhattacharji、Karan Chaudhary、Tanya Mehrotra
编辑助理：Alka Thakur Hazarika
DTP设计：Arjinder Singh
CTS/DTP专员：Sunil Sharma